布教授有办法 | 美国家喻户晓的儿科医生与
发展心理学家 **布雷泽尔顿** 重磅力作

Mastering Anger & Aggression

应对孩子的愤怒与攻击

（美）T.贝里·布雷泽尔顿（T.Berry Brazelton）
乔舒亚·D.斯帕罗（Joshua D.Sparrow）　著

严艺家　译

化学工业出版社

·北京·

声明：本书旨在提供参考而非替代性建议，一切应以你孩子的儿科医生建议为准。本书所涉内容不应成为医疗手段的替代方式。作者倾尽全力确保书中内容与数据在出版时的精准度，但由于持续的研究及海量信息，一些新的研究成果可能会取代本书中现有的数据与理论。在开始任何新的治疗或新的项目之前，你需要就孩子的健康、症状、诊断及治疗问题等咨询儿科医生。

Mastering Anger & Aggression, 1st edition/by T. Berry Brazelton, and Joshua D. Sparrow
ISBN 978-0-7382-1006-3

Copyright © 2005 by T. Berry Brazelton, and Joshua D. Sparrow. All rights reserved.

This edition published by arrangement with Da Capo Press, an imprint of Perseus Books, LLC, a subsidiary of Hachette Book Group, Inc., New York, USA. All rights reserved.

本书中文简体字版由 Perseus Books Inc. 授权化学工业出版社独家出版发行。

未经许可，不得以任何方式复制或抄袭本书的任何部分，违者必究。

北京市版权局著作权合同登记号：01-2018-2247

图书在版编目（CIP）数据

应对孩子的愤怒与攻击/（美）T. 贝里·布雷泽尔顿（T. Berry Brazelton），（美）乔舒亚·D. 斯帕罗（Joshua D. Sparrow）著；严艺家译. —北京：化学工业出版社，2018.6（2025.7重印）
（布教授有办法）
书名原文：Mastering Anger & Aggression
ISBN 978-7-122-31812-1

Ⅰ.①应… Ⅱ.①T…②乔…③严… Ⅲ.①儿童心理学②儿童教育-家庭教育 Ⅳ.①B844.1②G782

中国版本图书馆CIP数据核字（2018）第055186号

责任编辑：赵玉欣　王新辉　　　　　　　　装帧设计：尹琳琳
责任校对：宋　玮

出版发行：化学工业出版社（北京市东城区青年湖南街13号　邮政编码100011）
印　　装：北京新华印刷有限公司
880mm×1230mm　1/32　印张6½　字数108千字　2025年7月北京第1版第18次印刷

购书咨询：010-64518888
售后服务：010-64518899
网　　址：http://www.cip.com.cn
凡购买本书，如有缺损质量问题，本社销售中心负责调换。

定　　价：49.80元　　　　　　　　　　　版权所有　违者必究

推荐序

我做儿科医生32年，在门诊经常与不同年龄、不同职业、不同地域甚至不同文化背景的家长们交流孩子健康问题。我做育儿的科普工作也有二十多年，现在仍每天通过微博回复一些家长的问题。与过去相比，如今我越来越真切地感觉到，我们的家长不论是"养"孩子，还是"育"孩子，都已经出现了很多与过去相比完全不同的新问题。

前些天我在门诊中看了这样一个小朋友：

小男孩12个月大，就快学会走路了，在诊室里爬来爬去，不停地尝试站起来，然后倒下，然后继续尝试。我问孩子妈妈："这次孩子来是因为什么原因呢？"妈妈很焦虑，气色显得也不那么好，说："孩子最近一个月醒后就不停地动，即使睡觉时，也不踏实。孩子是否患上了多动症？看孩子特别累。"我继续问："孩子白天吃辅食怎么样？""吃饭也不老实，就像这样不停地爬、扶站。"我开始给孩子检查身体，没发现什么异常，孩子的精神头也挺好的。我告诉孩子的妈妈："回家耐心等待吧，等他学会走路就好了。"

这种情况在孩子不同发展阶段其实很常见，**孩子为了取得某方面的发展，会在另一些方面出现一些倒退。**

就像上面例子中的小男孩，他因为即将要学会走路，白天不停地尝试站立，心思全在学走路上，对吃饭的兴趣自然下降，同时"会走路"意味着他可以跟妈妈"分离"了，孩子对此是会焦虑的，分离的焦虑加上白天的劳累，出现频繁的夜醒、哭闹就自然了。

我一般会在给孩子检查身体的时候，跟父母聊聊孩子最近的状态，告诉他们孩子很快就会取得突破性的进展，现在只是在积蓄力量，我们需要做的只是耐心等待。这些聊天可以很大程度上缓解父母的焦虑感。

说到焦虑，如今它似乎成了"时代标签"。特别是在育儿方面，我们有更好的经济条件，空前关注孩子的养育与教育，但我们的焦虑似乎更严重了。

我给一个5岁多的孩子查体，查体完之后我让孩子从检查床上下来，这时妈妈蹲下来了，我问妈妈"你要干嘛"，她说要给孩子穿鞋，我问孩子"你能自己穿吗？"孩子说"能"，但是最后妈妈还是自己"帮"孩子穿上了。

我们家长都希望孩子走上独立，可孩子如何走向独立？小到从会捏东西时，就让他自己尝试吃饭；会爬时，就让他自己去拿想要的东西；会穿鞋时，就让他自己去穿鞋……父母对孩子的过分关注，实际上是对孩子成长的阻挠。

去年我接诊的一个小女孩，至今印象特别深刻：

小女孩10岁，一直成绩优异，但最近出现气短、胸闷、出大汗、肚子痛的情况，看了很多医生都没有找到病因，家长十分焦急。经过仔细了解，发现其实这是孩子的心理原因导致的——女孩的妈妈可以说是一位高标准、严要求的妈妈，每天都要跟孩子的老师谈话，目的就是希望孩子的成绩永远保持第一。但是夫妻俩的感情不太好，经常为了小事争吵，每次爸爸出差回来，这个10岁的女孩子就要睡在爸爸妈妈中间。在孩子小小的心里，她觉得这是一种防止爸爸妈妈吵架甚至打架的方式，但其实孩子觉得很委屈。

当我们帮助这个孩子、这个家庭梳理清楚其中的关系后，家长才恍然大悟。

举这个例子是想说什么呢？我们经常提到"别让孩子输在起跑线上"，这个提法也是很多父母惯常的思维模式，就是将养与育的着眼点落在孩子个人身上。受这个思维的影响，在养育孩子的过程中，遇到问题习惯从孩子身上寻找解决办法，但很快就发现无能为力。当我们调整思维模式，**尝试把着眼点放在构建更好的家庭关系和社会关系**，会发现很多养育问题自然得解。

我们所处的时代飞速变化着，我们父母对养育的认识也须跟进。布雷泽尔顿教授的《布教授有办法》系列这时候被引进到国内，可以说正是时候。

作为"影响了几代美国父母"的儿科医生，布雷泽尔顿教授**最重要的贡献在于**，让人们认识到儿童身心发展是不分家的。从他开始，人们越来越多地意识到，孩子的生理状况和他的心理状态有非常大的关系。比如在《读懂二孩心理》中，他谈到，家里有二宝的家庭，大宝可能会出现便秘、尿床或者厌食挑食等现象，这时他会给予父母合适的回应来降低他们的焦虑，帮助大宝更好地度过情感焦虑期。反过来说，某些看似心理层面的问题，也可能与生理有很大关系。比如说在《应对孩子的愤怒与攻击》中，他谈到，孩子的"起床气"有时候是和清晨低血糖有关，在那一刻给予更多情感支持还不如一杯橙汁有效。

布教授反复强调："我的工作对象既不是孩子，也不是父母，而是他们之间的关系。"《布教授有办法》系列几乎涵盖了每个家庭可能会遇到的问题。对于孩子的愤怒与攻击、如何给孩子立规矩、二胎时代出现的各种变化等难题，布教授带领我们另辟蹊径，从构建更好的亲子关系和家庭关系入手化解难题。**养育的关系视角是布雷泽尔顿教授作为儿科医生兼发展心理学专家的独特贡献。**

布教授活跃的时期刚好是美国社会急速发展的时期，与中国现在所处的发展阶段十分相似，他不仅给父母专业细致的育儿指导，他对孩子身心全方位的关注以及养育的关系视角让父母们对养育更胜任。"他陪伴了几代美国父母，让他们告别焦虑，享受为人父母的乐趣。"这不正是我们中国父母需要的吗？

《布教授有办法》推荐给大家，祝愿大家都能享受养育的乐趣。

2018. 5于北京

译者前言

犹记得多年前给某个平台开家长课堂，题目是《愤怒与攻击性——孩子的成长动力》。当时主办单位的对外宣传老师面露难色地表示："我们能不能换一个标题？大部分爸爸妈妈并不能理解什么是攻击性，也不想承认自己和孩子有愤怒与攻击性，更难以想象这些部分还能带来好处，要不我们就改成《如何养育一个听话的孩子》吧？"在我的一再坚持下，这个标题最终还是得到了绝大部分的保留（感谢主办单位的远见！），但也承认这位外宣老师的担忧与建议是句句在理的：在崇尚温良恭俭让的文化背景下，去直面孩子内心的愤怒与攻击性对父母而言简直就是打着手电筒探寻人性中的"黑暗面"，更不用说去看见这部分特质在恼人之外也是重要的成长动力；也许不少父母想要寻找一块"橡皮擦"，把这些成长中的"负能量"擦得干干净净的。

在心理咨询室中，为了孩子充满愤怒与攻击性的行为而前来求助的父母不在少数，几乎每一个都希望我能迅速给出万能的"灵丹妙药"，帮助孩子立即消除不良行为。即使那样的"药"真的存在，我想对每个孩子与家庭来说，这味药可能也是截然不同的：了解和探寻每个孩子愤怒与攻击性的出处如同"望闻问切"的诊断过程，知其所以然才可以"对症下药"，把这部分的能量转化为帮助其成长而非破坏其成长的动力。当咨询进行时，父母经常会呈现出各种各样的自责与内疚：主流的育儿哲学使他们坚信，孩子一切不良行为都是因为自己身为不那么完美的养育者所导致的。这让我意识到，帮助父母看见婴幼儿愤怒与攻击性的自然发展过程是重要的，这能让他们降低育儿焦虑，意识到一些阶段性的行为表现未必因为照料者的不完美（并没有完美的照料者！），而更多的是孩子在说："嗨，爸爸妈妈，我又长大了，现在你需要在这些地方给我更多的帮助！"

如今，我们有布教授的书细细讲解，娓娓道来，把婴幼儿的愤怒与攻击性如长卷般徐徐展开呈现在读者面前。也许大部分读者在读完此书后会有这些体验："原来愤怒与攻击性是孩子表达自我主张的一体两面；原来体验和掌控愤怒与攻击性对于孩子（和父母）的成长如此重要；原来除了全然压制愤怒与攻击性或束手无策之外，还有那么多种方式可以让它们得到合适的表达与纾解。"

在本书的第一章，布教授以其同理心及临床经验描绘了孩子在成长过程中出现充满愤怒与攻击性的表达时，这会令他们自己和父母及其他照料者有怎样的体验，以及处理这些状况的大原则有哪些。通过这一部分的描述，布教授试图和读者建立起情感上的联系：他并不是一位让自己居于权威地位而居高临下的专家；相反，他的文字仿佛让读者在育儿道路上多了一个伙伴——坚定有爱、慈悲睿智的忠诚伙伴。

在本书的第二章，布教授以婴幼儿的年龄为轴，依次谈论了不同阶段的孩子是如何发展出各式各样的愤怒与攻击性的。这一章节的重要意义是，让父母意识到发展出各式各样的愤怒与攻击性是孩子心智成长中的必经之路，尽管每个孩子的具体表现形式有所不同，但背后也有诸多共性与规律可以被预见和理解。针对不同年龄孩子的愤怒与攻击性，所能给出的回应与支持通常也是大相径庭的。读完本章，很多父母会松一口气：原来我的孩子是"正常"的，他的那些问题行为原来也预示着他"长大了"。

在本书的第三章，围绕着孩子的愤怒与攻击性，一些最为常见的养育挑战及其具体应对方案被逐一谈论。与同类著作相比，布教授始终强调"知其然更要知其所以然"，在他的文字中很少会出现一概而论的情形，而是更多强调与示范父母如何根据自己孩子的特质、发展阶段与家庭状况去量身定制应对方案。一些常见但又容易被忽略的话题也在本章节中得到了讨论，例如如何处理孩子在体育比赛中的愤怒与攻击性，以及如何通过体育运动更好地帮助孩子发展出掌握自己情绪的能力，这与当下的育儿潮流不谋而合。

有时候在咨询中，我会询问父母这样一个问题："除了彻底的压抑与全然的爆发之外，你会用怎样的方式去处理自己内心的愤怒与攻击性？"很多父母会无奈地摇摇头，并表示自己似乎也并没有其他更多的选择去处理这部分的体验。也许在读完本书后，每个人都会看到更多的选择——用更多元和灵活的方式处理愤怒与攻击性是一门终生的功课。

严艺家

2018 年 3 月 5 日于上海

前言

　　自从我的第一本书Touch Points出版以来，我收到来自全国各地的父母以及专业人士的诸多问题和建议。最常见的育儿问题集中在哭泣、管教、睡眠、如厕训练、喂养、手足之争以及攻击性。他们建议我写几本短小精悍的实用手册，来帮助父母们处理养育孩子过程中的这些常见挑战。

　　在我多年的儿科从业生涯中，不同家庭都告诉我这些问题在孩子发展过程中的出现经常是可被预测的。在《布教授有办法》系列书中，我试图去讨论这些父母势必会面临的问题，而这些问题往往出现在孩子实现下一个飞跃式发展前的退行阶段。我们通过哭泣、管教、睡眠、如厕训练、喂养、手足之争和攻击性等议题的讨论，帮助父母们更好地理解孩子的行为。同时，每本书也提供了具体的建议，使父母们得以帮助孩子应对这些阶段性的挑战，并最终回归正轨。

　　《布教授有办法》系列主要关注的是生命最初六年里所经历的挑战（尽管更大孩子的话题有时也有提及）。我邀请了医学博士乔舒亚·D.斯帕罗和我共同完成系列书的写作，并且加入了他作为儿童心理医生的观点。我们希望这些书可以成为父母们养育孩子的简明指南，可以陪伴孩子面对他们成长中的烦恼，或者帮助父母发现孩子那些令人喜悦的飞跃式发展的信号。

　　尽管兄弟姐妹之间的打闹、竞争、不愿分享等问题是普遍和意料之中的，但这些困难对于父母来说依旧压力重重。这类问题大部分都是暂时且不严重的，但如果没有支持与理解，它们会使整个家庭不知所措，并且严重影响孩子的发展。我们希望书中所提供的信息可以直接帮助处于不确定中的父母们，使他们能够重拾陪伴孩子成长过程中的兴奋与喜悦。

T. 贝里·布雷泽尔顿

目录

5 ~ 6 岁——"花招儿"不断 / 075

第三章 在生活中帮助孩子掌控愤怒与攻击

愤怒与攻击出现的地方正是孩子成长开始的地方。

愤怒 / 093

第一章

情绪不分好坏，
都是孩子成长的动力

他第一次愤怒，就是在以一种全新的方式宣告：我要独立！

应对孩子的愤怒与攻击

　　本书我们准备讨论那些孩子们被愤怒与攻击性情感冲昏头脑的时刻。大多数成年人认为愤怒是种不良的情绪。而当他们的孩子表现出敌意或失控时，父母们也很可能会被吓到。但是，愤怒不仅是不可避免的，更是必要的。许多事件会触发孩子意料之中的爆发，但当父母能够预见到相关状况，并且明白如何帮助孩子学会自控时，他们就不会太过忐忑。

　　愤怒不仅仅警示孩子危险，提供必要的精力去回应这些状况，而且还是孩子作为个体清晰表达自己的一种方式。在他成长中的特定阶段，愤怒会成为一个孩子用来建立其独立性的方式。父母需要理解这一成长目标，予以应对，并且给予坚定的限制，这样当孩子长大了会体验到力量与独立，并且在自己情绪爆发时依旧感觉安全。本书会带领父母们穿越各种与愤怒有关的"触点"——它们何时出现以及我们需要对此做些什么？当在某些时候我们无法容忍孩子的攻击性时，我们自身的愤怒会促使我们说："现在要立规矩了，我们需要确保你的愤怒是安全的。"当父母帮助孩子理解并掌控他的情绪时，父母自己的情绪往往会是一种指引，同时也是一种针对孩子行为的示范。

　　学习处理愤怒的情感，把攻击性的诉求转化为建设性的行动，这些都是持续一生的功课。父母们可能会惊讶于婴儿从很小的时候就会表达他的情感，并且察觉和回应周围大人的情绪。父母的职责是去迎接与接纳各种情绪，帮助孩子有效表达这些情绪，并且知道他可以自行安全处理这些情绪❶。

第一次发怒他刚满 3 个月

　　当婴儿第一次爆发愤怒情绪时，新手父母们会感到震惊。即使宝宝还不到 4 个月大，这样的状况也是一定会发生的！你是否还记得宝宝第一次愤怒大哭是因为你拿来奶瓶的时间太长了？当孩子爆发出从未有过的尖利哭声并嘴角下垂的时候，你被他吓了一大跳。在头几个月的时候，父母们会观察婴儿那些充满需求的哭声——饿了、疼了、无聊了或疲劳了，并且已经知道如何去回应。但亲眼见到自己的宝宝发脾气会令人感到震惊。无论他有多么可爱、多么甜蜜纯真，当他发怒的时候，他就是在用一种全新的方式宣告自己想要成长为独立完整的人。

---

　　❶ 在本书中，我们提到孩子时会用"他"指代，在下一章则会用"她"指代。

父母们都热切期待宝宝第一次开口说话或第一次迈步走路，但并不会如此热切期待孩子愤怒情绪的出现以及伴随而来的攻击行为。但如同孩子成长道路上那些重要的里程碑一样，愤怒情绪以及意识到如何处理愤怒情绪对孩子而言都很重要，这可以让他坚持自己的主张，并且为自己寻找到一个存在于世的位置。父母们需要给他这部分全新的人格特质提供足够空间。当父母们能够面对这些情感，他们就能帮助孩子学习面对愤怒。

愤怒情绪从何而来？

通常，当我们的生存或利益似乎受到威胁时，愤怒的情绪就会涌现。生而为人，这样的反应机制似乎就是让我们通过这样的方式来识别周遭的困境，并且对此采取行动。事实上，愤怒可以触发一系列生理反应——脸红、流汗、心跳加速、沉重而急促的呼吸，这些会导致我们采取攻击行为。

有时候，愤怒会导致人们过于快速地采取行动，完全没有思考的空间。而攻击性往往会导致一些原本可以避免的伤害，甚至会与自我保护的目标背道而驰。有时候，我们会误解或反应过度；或者在某些和自己紧密相关的事情上，我们会体验到超出常理的愤怒。有一个4岁孩子的生日派对接近尾声，他对此很失望，当最后一个客人离开后，他在客厅里不停地跺脚。让他父母哭笑不得的是，他还粗暴地掀翻了两张沉重的椅子。那一刻他接受不了自己的大好日子无法永远持续下去的事实。

我们都记得类似的体验。但"限制"会帮助年幼的孩子们了解到自己何时越界了。管教成为父母能给予孩子的第二重要的礼物：爱是第一位的，但是学习如何驾驭愤怒和失望之类的强烈情感，并且接受边界则是第二位的。与此相比，生日礼物本身都黯然失色。

愤怒的情感是一种内部信号，警示着某种威胁，这种威胁可能是现实层面或想象层面上的，也许基于内部的精神世界，也可能基于外部的真实世界（4岁的孩子不仅是为行将结束的生日派对而恐惧，也是因为其过度兴奋而恐惧）。但是，当这些情绪萦绕之时，它们早已迷失了最初存在的意义，孩子也会为此付出代价：之后的一段时间，孩子会对此感到混乱，会将他最原始的情绪附加在一个完全不相干的场景之上；或者他可能会将情绪转向自己，变得有点抑郁。这些反应都还无法被孩子或父母很好地理解到。

攻击意味着他有"自我主张"了

　　尽管"攻击"通常指代打斗或其他会导致伤害的肢体行为，同时也意味着一个人只是在维护自己的主张。为了保护自己、得到自己想要的东西、实现自己的潜能，不对他人造成伤害是完全有可能的。我们总是赞美那些对生活与他人充满热情的孩子，那些勇于探索、尝试内心想法并追随梦想的孩子。但当他用那些方式来主张自我时，需要一旁的父母（或其他照料者）为他的探索设限。他会想要试探周围的人，父母的限制是在向他再次确认，他不会被允许越界。管教会让他意识到，尽管他试图成为一个独立的人，但他依旧是被周围的人看顾着的。第二年和第三年的那些大发雷霆都是他对于生活热情的部分尝试，当父母们能意识到这点时，就会将其视为"精彩的2岁"，而不是"可怕的2岁"。

识别愤怒是情绪培养第一步

　　远在能够用语言命名情绪之前，孩子们就会经历激惹、烦躁、挫败和愤怒之类的感觉，并且伴随着这些情感体验还会产生一些身体体验。即使当他们有能力表达这些情绪时，年龄较小的孩子大多数时候都忙于当下活动，从而难以掌控自己的情绪。因此，他们看起来经常会需要一些小惊喜来转移他们的注意力，或者需要旁人的帮助来使他停止发脾气，整理好自己，意识到自己在经历何种情绪、情绪从何而来，以及可以对此做些什么。有些孩子似乎能自己完成这个过程，而大多数孩子则需要父母的帮助来寻找和运用合适的词汇表达这些情绪。我们经常会用诸如"头脑一热""冲昏头脑""过火"之类的词汇来形容将愤怒倾泻付诸于行动瞬间的感觉。尽管听上去有些抽象，但四五岁的孩子已经明白这些愤怒在体内发酵的画面是怎样的。愤怒独自发酵的时间越长，爆发的可能性就越大。这部分说明了为何在生命早期学习识别与命名情绪是非常重要的技能。

当孩子意识到自己是愤怒的，他就有机会让周围的人看到这一点。但如果这些情绪使他不知所措，他就有可能会失控。他会用嚎啕和崩溃的方式让全世界知道他的感受。即使是新生儿也可以通过哭泣让父母知道有些地方不太对劲，并且他们必须对此做些什么。尽管对父母而言这样的过程充满压力，但同样也使人松口气：至少婴儿也有办法让父母们知道他的需求。

比起其他孩子，一些婴儿可以用更清晰的方式表达需求；年龄较大的孩子在如何清晰表达抗议并获得理解的能力上也存在差异，相应地也会使父母的回应方式有所不同。

当孩子们渐渐长大，大部分人会学会自控足够长的时间，以使自己寻找到合适的词汇来清晰表达愤怒的情绪。有时候，仅仅是被周围人理解就足以平息这些情绪。而在另一些时候，孩子们愤怒的起因本身需要被处理。"她咬我"或者"他拿了我的玩具"或"他们不让我和他们玩"，这些都是寻求成年人帮助的常见哭喊。那一刻你需要介入，帮助他学习处理这些愤怒情绪，并且解决那些触发情绪的冲突。

父母们会觉得自己有责任帮助孩子寻找到富有建设性的方式来处理愤怒，但渐渐地，孩子会需要体验到一种自信，那就是他能自己掌控愤怒情绪的自信。因此，从一开始就要把这样的过程看作孩子自己的事情，尽管他是需要父母的帮助的。首先，他需要学习如何从愤怒所导致的紧张和身心压力中平静下来，只有这样他才可以开始下一步的"工作"：理解愤怒情绪的来源，并且想想有没有什么做法能够处理导致愤怒的起因。

气质类型不同，情绪表达方式不同

每个孩子应对危险、挫败或羞辱所致的威胁时都有自己独特的阈值。有的孩子几乎不会体验到这些威胁，但另一个孩子则可能会以快速付诸行动的方式加以回应。一个安静的孩子对于威胁的回应可能是自我屏蔽或寻求庇护，而活跃的孩子则可能是迅速挥舞起自己的拳头。有的孩子似乎对一些零星事件不为所动，但当"压死骆驼的最后一根稻草"落下之际，他会突然爆发；而有的孩子则似乎会对每个事件都有所反应。孩子做出反应的速度与激烈程度都是他独特的一部分，是他气质的一方面。同理，他安静下来并且对父母的努力安抚做出回应的方式也是独特的。

当父母们思考如何帮助孩子学习让自己平静下来的方法，如何去识别、命名和表达情绪，以及如何处理情绪的源头时，他们需要理解与考量孩子的个人气质。安静听话的孩子的父母可能会希望孩子更具有一些攻击性，就像活跃易怒孩子的父母可能会希望孩子少一些冲动。但对孩子而言，在他能够接纳自己之前，首先需要有能够接纳和理解其气质的父母。

跳出自身童年阴影才能更好地帮助孩子

为了帮助自己的孩子识别情绪并且学习处理它们，父母们需要如实面对他的所有情绪，并且面对他自身的自控能力。因为孩子的情绪和行为势必会引发父母自身的诸多体验。父母们会在这些时刻做出反应，有时也会失控，尽管内心并不希望那样，有时候只是因为孩子使我们感到震惊或被冒犯。但有些时候，这些伤害可能会唤起更深层次的感受，例如，当孩子的情绪或应对方式召唤出父母自身的童年阴影的时候。

例如，有些父母小时候经历过霸凌，而他们的应对方式就如同在重现童年回忆，仿佛在被自己年幼的孩子欺凌似的。或者，如果一个妈妈自己小时候被父亲暴力对待过，她面对儿子的愤怒时就会感到自己仿佛是在面对父亲的怒火，那会使她过于恐惧，以至于无法帮助孩子学习掌控自己的攻击性情绪，甚至她自己都会觉得这是无法实现的目标。父母也会担心，孩子的攻击行为意味着他将追随某个有暴力倾向的成年亲戚的风格而去……这些无疑会导致父母们过度反应、惊吓到孩子，并且让孩子更无望，感觉自己无法掌控那些愤怒。

文化不同，愤怒表达也不同

对于如何处理愤怒等情绪的预期在每个家庭、每种文化中都是截然不同的。这些差异往往和一个族群面对的现实条件有关，并且会塑造一个孩子对于情感的反应。例如在一些文化中，族群不得不持续面对一些威胁，因此族群中的成员不得不保持警惕，或者倾向于做出强烈的回应。在另一些文化中，情感需要被强烈而快速地表达出来；而在某些文化中，情感则可能被隐藏起来，或者只有在极大的克制之下才能被表达出来。

首先，孩子们会从最敬仰的成年人行为中学到最多的东西；其次，他们会在尝试和错误中学习。在大多数的文化中，孩子们都有机会试错并从中学习。他们处理强烈情感的能力部分取决于其家庭是否相信他们能学会这些技能。

退步正是进步的契机

"触点"是孩子发展过程中的一些可预期阶段，在这些阶段中某种能力的学习会进入到一个飞跃期。而在某方面的能力爆发之前，孩子很可能会退回到更早期的行为——仿佛这是为了前进一步所要付出的"代价"。他和父母可能会在这个阶段感到绝望，甚至会彻底崩溃。孩子在这种行为倒退期会体验到缺失，仿佛暂时失去了之前取得的某项成就。但这些退行或者"触点"，都是学习的重要契机。

当孩子努力在另一些领域取得新的发展时，他的自控能力有可能会暂时"脱轨"。当一个孩子的愤怒感觉导致他大发雷霆，或者攻击他心爱的人时，他会感到害怕并感觉羞耻。被这些强烈的情绪所控制是多么可怕的事情，而被这些情绪剥夺了自己的控制力又是多么尴尬！

父母们可能也难以解释为何之前行得通的事情现在看起来那么不对劲。"他将来还有机会实现自控吗？"年轻父母一定会这么想。这个问题的背后是父母们的隐忧：这些年幼时期不可避免的情绪爆发是否会像滚雪球一样变得越来越严重，并最终导致青少年和成年阶段更为危险的失控行为？

要在愤怒和攻击性的自我控制方面取得发展，并不是一个简单的学习过程。在第二章中，我们会探讨这个过程从孩子出生一直到童年早期是如何发展的。孩子在情绪掌控方面所取得的成就事关他的荣耀感，与其自尊与独立意识的形成都休戚相关。尽管学习自我控制的过程道阻且长，但这些早期打下的基础可以帮助孩子在日后的人生中从容面对攻击性情绪的考验。在每个阶段，父母们都可能会感到矛盾，一方面想给孩子机会去寻找到自己的应对方式，另一方面又会很想要冲上去帮他从困境中解脱出来。理解孩子的力量与局限可以帮助父母们在那些时刻做出自己的判断。

不要排斥愤怒与攻击，而要成为它们的主人

孩子在成长过程中会慢慢发现自己在攻击性上所具有的"潜能"：当他了解到自己能够咬人、踢人、尖叫和躺在地上

哭闹，他一定会尝试做这些事情。在这个过程中，他也会了解到这些行为如何影响其周围的人，并且特别关注父母会对此有何反应。父母会在不知不觉中强化孩子那些最令他们感到困扰的行为。在第三章中，我们会讨论那些发展过程中的常见事件：咬人、打人、踢人、抓人，以及大发雷霆等；我们也会提供实际的建议来帮助父母处理这些状况，并帮助孩子从中学习；我们也会讲述一些需要警惕的信号，那些信号往往预示着更严重的问题并且需要专业人士的介入。在第三章中，孩子目击暴力行为，以及在媒体、电子游戏中接触到暴力情节的问题也会被探讨，并且会给父母提供方案以帮助孩子们正确处理这些体验。

如今，帮助孩子学习如何处理愤怒和攻击性情绪的工作尤为重要。世界各地很多成年人无法好好控制自己的愤怒，无法倾听彼此，无法把自己的需求和他人的需求加以平衡，无法为冲突寻找到和平的解决方案。失控的愤怒、暴力、伤害等使得世界陷在恐惧与恐怖的恶性循环之中。我们是否要放弃初心，预备让孩子生存在一个充满恨意的世界里？难道我们不能让他们做好准备建立一个新世界，一个他们可以自己去创造建立的世界？作为父母，我们必须要教孩子处理其愤怒，做出是非判断而不是被恐惧或复仇的意念所吞没，用明智的判断去引领行为。我们必须帮助他们学习如何去照顾那些比他们脆弱幼小的人，而不是滥用自己的力量。

近年来，脱缰的愤怒与攻击性离大家更近了，我们见证了各种校园枪击事件，其中主导者多为持枪的青少年甚至是更小的孩子。因此，很多学校配备了金属探测器，在孩子进入学校时需要接受检测。这些配置给孩子们传递了哪些信息呢？如果他们感觉我们无法信任他们，他们又如何能够努力学习控制情绪并且对自己的行为负责呢？

当孩子能够自我觉察并控制其愤怒和攻击性情绪时，自尊才会建立起来。作为父母，我们都想让孩子拥有这种确定的内在安全感。知道如何有尊严地控制好愤怒情绪是成年人和孩子共同努力的目标。为了实现这一点，父母的职责远不止于制止或惩罚孩子。孩子必须最终意识到他能够自己掌控这些强烈的情绪。儿童早期的"触点"中包括孩子将逐步学习如何自控，这使得父母们有机会帮助孩子最终成为愤怒和攻击性情绪的主人。

第二章 掌握发展关键点，变攻击为成长契机

你常因孩子的种种挑战怒火中烧，但孩子处理愤怒情绪的方式不正是跟你学习的吗！

应对孩子的愤怒与攻击

在孕期，大部分准父母的脑海中并不会出现这样的想法：肚子里这个尚未出世的宝宝有一天会出现攻击性情感，并且必须要努力驾驭这些情感。但当某天他们发现眼前这个曾经看起来脆弱不堪的婴儿其实也需要有人帮助她平衡自我主张与自我控制时，父母们会觉得震惊。但即使是在孕期，准妈妈们也会注意到尚未出世的孩子们在子宫内的移动。"她似乎有自己的想法。"孕妈妈会一边对先生这么说道，一边用手抚摸着大肚子。而当准妈妈觉得胎儿非常活跃时，她会说："每次我躺下或想要休息一下时，她就开始在我肚子里滚来滚去，还没出生，她就不让我睡觉了！"

在孩子出生前，父母们就在努力了解她。她在子宫内的每个活动都会被视作孩子未来会成为怎样的人的迹象。尽管妈妈很累，但胎儿还是在子宫内活动着，这些踢腿和游泳动作是否昭示着最早期的自我主张？不，至少我们无从知晓。

胎儿会扭动，但子宫内的空间远无法使胎儿进行随心所欲的活动。如同胎盘控制着胎儿可以吸收的营养，子宫壁限制着胎儿可以"尝试"与"操练"的动作。因此，未出生孩子的活动会被迫呈现出可预测的模式。一开始可能只是几下简单的抽动，但后来则变得越来越有规律。最终，这些活动会进化成可预测的反射模式。

这些反射甚至会被协调成一个序列——用于对那些在孕晚期的子宫里所体验到的亮光和巨响做出反应。对于这些在子宫内部能感知到的声音和光线，胎儿的反应可能包括惊跳、扭动、大大的伸展等。胎儿也可能停止做出任何反应，并屏蔽掉不想要的外界刺激。我们据此推测，这些反应在妈妈的子宫内被反复"操练"，并且宝宝已经准备好在出生后继续使用。

这些与学习处理攻击性有何关系呢？也许关系并不大。但有趣的是，我们可以想象胎儿已经学习了如何关联她的诸多反应——对于亮光和巨响的反应，去接受它们，并且在必要时屏蔽它们。避开这些刺激源，或吮吸手指，这些都是未出生的婴儿第一次开始对周遭环境做出反应。而孩子在分娩时的全力以赴，这些积极表现是否可以视作他们第一次彰显自我主张呢？

新生儿 —— 哭是最主要的沟通语言

"会哭的孩子有奶吃"

新生儿再也不是被子宫包围着的了，再也不是靠胎盘供给养分了。新生儿必须要学会表达她的需求，并且从环境中获得支持以使自己能够生存下去。最早期的感觉——饥饿、寒冷、不适、疲劳、疼痛都会导致她付诸行动以获得自己所需。她发现，如果她哭了，她的饥饿感就会得到满足。当她看着你的眼睛，向你伸出手，在你搂抱她时变得柔软和动情，她会使你无可救药地爱上她并准备好养育她。当她啜泣、惊跳、流露出愤怒不满的表情时，有人会来给她裹上被子或搂抱她以帮助她平静下来。这些早期经历会帮助她学习如何在日后处理自己的情绪吗？

　　新生儿对于睡眠和清醒状态，以及在此之间的烦躁和困意状态已经具有一定的控制力。出生后不久，她就可以在一小段时间中保持清醒与专注。她会盯着摇篮的围栏或盯着你的眼睛。但注意观察一个新生儿醒来和开始哭泣的过程，她可能会把光滑的小毯子塞进嘴巴里，或者吮吸自己的小拳头。这些都是她用来控制和安抚自己最早期的方式，这样的过程会持续一小会儿，直到周遭的刺激让她无力招架。她已经能从你给予的安抚（你轻柔的声音、温柔的搂抱、当她因为扭动和惊跳而变得不安时的抱抚、当她因为饥饿而哭泣时的哺乳）中进行学习，而这个过程也会帮助她实现自控。

　　当新生儿接收了周围尽可能多的视觉与声音信息，她可能会崩溃。她会啜泣，小脸变红，甚至有时候看起来需要大口换气，然后她就睡着了。但她甚至会在开始哭泣前就进入睡眠。这是她用来逃开种种混乱的最早期的方式。然后她会保持睡眠状态，即使周围出现更多的声音和活动。她已经有能力去屏蔽周遭的刺激源，这样的过程被称为"习惯化"（对于摄入的刺激源持续关闭反应）。

清醒与睡眠、互动与休息，她切换自如

新生儿正在体验获得自己所需要的东西是多么令人满足的过程——通过哭泣获得乳汁，通过屏蔽刺激获得睡眠，通过活跃与失控获得搂抱与安抚。同样重要的是，她也在学习如何与自己的六大清醒或睡眠状态共处（深睡眠、浅睡眠、困倦、清醒、烦躁、哭泣）。当她非常需要休息和缓解紧张时，她会试着让自己保持睡眠状态；当她想要互动、了解这个新的世界并且让照料者更了解她时，她会试着让自己保持清醒。这些都是自控的早期信号。

婴儿的周期循环会使她从深睡眠进入到浅睡眠，然后经由烦躁期进入清醒期。你可以观察到新生儿如何通过控制自己的

运动来抑制惊跳带来的困扰，并使自己能够专注于父母的声音或面孔。在她和观察者进行互动之后，她会试着把自己的手放到嘴边并吮吸，以使自己保持一段安静清醒的状态。她控制自己状态的努力会让新手父母为之惊叹。

在经过一段时间的清醒和咿呀互动之后，或者沉浸在这令人愉悦的状态中一段时间后，她开始崩溃。她可能会望向父母，大声或不满地哭泣起来。你该怎么做呢？试着用你坚定的声音来安抚她，或者抓住她的手臂。也许可以试试给她裹上襁褓，这样可以让她不再惊跳，也不会因为那些不受控制的扭动而变得狂乱不安。也许她需要被抱起来，被轻轻摇晃，被父母搂着，甚至吮吸干净的手指。也许她需要喝奶，也许她应该上床睡觉了。为人父母的过程就是试错的过程，在你一次又一次的努力之后，会寻找到有用的应对方式，而婴儿也会逐渐形成预期，知道当她采取行动时，她会接收到合理的回应。她知道自己能依靠你的帮助来实现自控。

新生儿具有六种不同的哭泣——因饥饿、不适、无聊、疲劳、一天结束时的烦躁，以及感到疼痛时不满而尖利的哭声。研究显示，新手父母们可以在孩子出生3周后辨别出这六种不同的哭声。他们知道每种哭声都需要用不同的方式去回应。例如因饥饿而哭时需要喂奶，因无聊而哭时需要用手臂拥抱环绕着她，这样可以使新生儿尽可能延长其安静、清醒的状态。她会意识到当她表达自己的需求且父母给出回应时，他们会进入一种令人满足的状态。一次次重复之后，孩子会通过模仿父母早期的回应方式来学会自己应对这些需求。但婴儿总是会呼唤父母，以后还会呼唤别人，来满足她对于关系的需要，这点在她接近8周大时会变得格外清晰。

在婴儿出生后的头几周，父母们已经开始意识到新生儿是个独立而特别的个体。他们已经意识到当她的目光移开，身体蜷曲或者变得僵硬时，可能是在抗议，或者在"要求"用不同的方式对待她。她逐渐意识到自己是会被照顾的。尽管当婴儿看起来愤怒不安时，父母会本能地退缩，但最终他们会照顾她的。她不是孤独一人，爸爸妈妈也和她一样在学习经历这样的过程。

3 周 —— 黄昏时刻最难熬

到3周大的时候，睡眠与清醒的周期循环会变得可预测，并且每3～4个小时就会循环一次。但婴儿很快就会发展出一项新的挑战。

肠绞痛将新手父母推向崩溃边缘

在漫长的一天即将结束之际，3周大的婴儿会持续扭动，对于声音、触觉和人脸都变得过度敏感。她开始烦躁和哭泣，有时甚至会持续长达3个小时。那些过去用来安抚、帮助她停止哭泣的策略都不再管用了。更频繁的喂奶（比如1小时1次之类的）会有短暂的效果。然后，似乎什么做法都不奏效了：她会啜泣、哭泣，甚至会哭得满脸通红。父母和她一样也会体验到失控的感觉。

一开始，父母会担心是不是哪里出了问题，其实到这个月龄时，儿科医生都知道她会经历这样的阶段（参考：Calming Your Fussy Baby : The Brazelton Way）。父母们认识眼前的宝宝才没多长时间，现在她看起来如此难以理解、失控并且对他们愤怒。她的烦躁会把父母们推向情绪崩溃的边缘："她为什么不能停止哭泣？为什么做什么都不管用？我们能怎么做呢？"父母们会感觉内疚，因为他们不知道可以怎么做，无法成功安抚自己脆弱的宝宝。小婴儿的面部紧紧拧在一起，仿佛在说"你为什么不能帮到我"。每天，这种黄昏哭闹必然会持续几个小时，然后婴儿就会安静下来。接下来的24小时，她看起来吃得好也睡得好，然后下一个夜晚，这一切又要重新上演。

父母们感觉自己需要不断尝试新方法使她安静下来。由于这些哭泣可能是婴儿用来纾解不成熟的、超负荷的神经紧张的方式，父母们绝望的尝试可能会火上浇油。也许这是生命早期孩子和父母之间在共同经历难以消化的情绪，他们必须为此找到一个出口，最好是一个安全的出口（等孩子长大一些，可以击打沙袋发泄情绪；但此刻，需要一个沙袋的可能是父母）。

一旦父母们能穿越绝望感，他们会发现规律而平静的方式可能更有用一些。首先，把婴儿抱起来，看看有没有导致她哭泣的其他原因——需要换尿布、发热、尿布的尖角戳痛她了。这时可抱着她并安抚她，喂一点点水，看看是否会以打嗝的形式带出进入胃肠内的气体，有时候那也可能是导致她不舒服的原因。然后将婴儿再次放下，她可能会烦躁一段时间（10～15分钟）。可以试着每10～15分钟重复一遍这样的流程，直到孩子最终可以安静下来，并且释放掉了负荷过多的神经压力。然后，喂奶、轻摇和吟唱都可以让她入睡，并且让她对自己的成就感到满足。最终，她使自己从哭泣的状态进入安静的状态！

父母们需要记住的是，尽管烦躁期会从第3周一直持续到第12周，每晚都会出现，到了第12周的时候，这种状态就会逐渐消减（如果没有好转的迹象，需要及时和儿科医生沟通）。然后，她会开始用其他方式进行沟通。以后每当到了夜晚，她会微笑并且发出各种声音来回应周围的人。

8 ~ 12 周——会哭，会笑，会咿呀

肠绞痛导致的黄昏哭闹通常在第8周时达到高峰，然后开始减轻。对这种有规律的焦躁期，父母们似乎不太会焦虑过度，因为看起来它是遵循着自己的节奏在发展的。但这个过程依旧是折磨人的。

此刻，一种新的现象出现了！当婴儿醒来发现自己并没有被注意到时，立马会愤怒地放声大哭起来！到8周大的时

候，她已经积累了足够多的经验来形成预期，当她醒来的时候，她希望可以看到你。她也习惯了随时被回应。她哭喊的时候似乎是在说："你为什么不来？"她是生气了吗？还是在表达失望？

学会表达多种情绪

当婴儿一看见父母，她就停止了哭泣。她露出微笑并发出咿呀声。父母们意识到孩子可以把一种情绪切换到另一种情绪。宝宝会因为父母的目光而感到满足，并且使自己安静下来。父母们会沉浸在这样的互动中。婴儿正在学习其他的情感回应方式——除了哭泣以外的方式。父母们感觉自己仿佛被"套牢"了，但也对此感到骄傲。当一个小婴儿试图"控制"周围的人时，她只是在用自己可以使用的方式来获得她想要的东西。

8～12周大的孩子正建立起新的方式来吸引父母，并且学会了更多的情感回应方式。宝宝有更多新的方式来实现自控，而现在她还能控制父母了！父母们非常喜欢宝宝的这些新技能，并且它们的确都是管用的。当婴儿有了新的需求，或者只是与过去有些许不同，父母们的回应就更可能会慢一些。他们想要看看宝宝此刻又会哪些新的表达方式了！这些接近和吸引父母的早期技能深化了他们的关系。现在，婴儿确信自己不仅能得到奶瓶或干尿片，还能使自己和周围人保持联结。

4 ~ 5个月——开始体验互动的乐趣

开始学习"自娱自乐"

4个月大的孩子可能基本形成一天喝4顿奶的习惯。她正逐渐了解到看看四周可以给自己找到乐子，从而延迟哭泣发生的时间。在4个月大的时候，婴儿的视力发生变化，她的视野已经不再局限于面前的人脸、乳房或者奶瓶。现在她有更广泛的视觉范围，她甚至会对喝奶失去兴趣，因为周围发生的一切似乎更吸引她。

她开始试着延长自己的睡眠和清醒状态，调节自己的作息以适应父母的作息习惯。伴随着这些新的发展，婴儿也在发掘自己的内在资源——与等待有关的新能力、转移注意力的能力、自娱自乐的能力、用自身行为去回应和处理内在感觉的能力（例如饥饿、无聊、疲劳、孤独）。她可以伸手抓到玩具，她可以自己短暂玩耍一会儿。

学会明确表达抗议

如今，婴儿知道她可以把父母呼唤到身边来，她能够意识到自己的基本需求并且就这些需求进行有效沟通，这是自我主张的早期形态。当有些事情不对劲的时候，比如她饿了、尿布湿了、不高兴了、孤单了或无聊了，4个月大的孩子会更加精准地表达她的抗议。她从父母对她的回应中不断学习。一声哭泣、一个表情或手势都可以把他们召唤过来安抚她，给她换尿布等。这些表达需求并得到回应的早期体验会让孩子相信自己具有能够影响周围世界的能力，会采取行动并知道那是有效的。她已经在体验："我是重要的！"

很少表达抗议时父母需警惕

当一个婴儿只是微弱抗议或从不抗议时，那会怎样呢？从气质的角度而言，有些婴儿更安静一些，会倾向于退缩而不是主动争取些什么。他们可能无法清晰地表达自己的需求，而父母需要花更多力气去了解他们。父母们需要更仔细的观察与倾听，追随宝宝的节奏，让她那些安静的方式和本身的气质类型匹配起来。当他们温柔回应婴儿给出的各种微妙线索时，他们就是在强化这些表达，鼓励孩子去重复和在成功的基础上反复尝试。如果婴儿非常激烈地抗议，父母可能会疲于应对，但对于自己能够理解孩子的需求这一点会更自信。由于这样的差异早期就会出现，那些会清晰生动地提出抗议的婴儿会令父母们知道她想要什么，并且在有人关照到她的时候迅速开心起来，这样的孩子会让父母的自我效能感（指个体对自己是否有能力完成某一行为所进行的推测与判断）更强，也更为骄傲。

除了气质类型的因素以外，还有一些原因会导致一些婴儿提出抗议的能力在某些场合不太管用。例如，一个生病的婴儿可能会因为难受或疼痛而疲于大哭。或者她只能有效表达自己因为疾病而导致的身体不适，而无法表达其他类型的需求。

尽管广泛性发育障碍如自闭症或阿斯伯格综合征在这个月龄很少能被诊断出来，但当一两年后孩子得到这样的诊断时，父母可能早就意识到孩子无法很好地沟通自己的需求，也无法有效地提出抗议，他们很可能没有办法与他人建立联系，他们看上去可能是顺从的、毫无反应的，很少会为了得到陪伴与玩乐而哭闹。当他们真的哭泣时，周围人又很难知道是什么令他们感到困扰。

当四五个月大的孩子的哭声被忽视时会发生什么呢？例如，一个孤儿院或其他社会福利机构中的婴儿可能得不到成年人足够多的回应，因为成年人要处理的事情太多，无法及时回应他们。然后他们就不再期待自己的抗议会被回应。她并不知道自己的呜呜声和微笑如何被周围人给予愉悦的回应。她的哭闹会变得不再那么有力，她的期待会越来越少，渐渐放弃了自己的需求得到满足的希望。她失去了去了解如何通过行为影响世界的机会，也没有机会去了解如何与照顾她的人加深关系。

当她与外界沟通的尝试失败时，她的自尊也会随之下降。她再也不会通过急切的大哭去沟通一些基本需求——例如食物、关注与爱，她的表现似乎已经认定自己是一个失败的沟通者。她的哭声是微弱、脆弱和短促的。她很快就会放弃自己的主张，双眼无神，面无表情，仿佛她并不期待有所回应。她被动地等待着食物和睡眠，而不是主动表达自己想要什么。这些特征都可以从住院的婴儿，或者在其他机构中无法得到呵护照顾的孩子身上看到。

全家都围着她转，会宠坏她吗

父母们一定有这样的担心。但事实上要把这个月龄的孩子宠坏是很困难的。如果想要避免这种情况，你需要做到的是，不要她一哭就第一时间冲过去把她抱起来安抚，也不需要每次她一哭就给她喂奶。相应地，你可以试着去了解她想要什么，并且帮助她弄清楚自己的需求："让你不开心的事情是什么呀？你是想要一个玩具吗？你想要哪个玩具？红球还是摇铃？"

另外还要帮助她与自己的焦躁不安共处，并且发掘她想要自己来做一些事情的动力："摇铃来了，你自己够得到吗？"你正在放慢速度来回应她的要求，并且帮助她意识到她自己是可以等待的，当她在短暂的不懈努力之后真的得到一样东西时，那种愉悦感是更为巨大的。你正在帮助她发展出内在资源，使她能够掌控诸如无聊、愤怒之类的情绪。

你也可以帮助她学习调节自己的哭声，例如从纯粹的挫败感转换为对于目标的热切期待。当她发出令人心碎的哭泣时，你可以温柔地问她，带着一点俏皮的感觉："你想要什么呀？"跟她说话时，当你尝试不同做法的时候微笑或大笑，你可以观察宝宝望着或听着你时音调是否会变得柔和起来。

父母感觉被"控制"，而孩子感到满足

在四五个月大时，婴儿开始体验到和他人互动的乐趣——尤其是当她自己有这个需求的时候。她发展出新的能力来调节和改善各种沟通方式：哭声、呜呜声、面部表情和姿势等，伴随而来的还有她更为精准地识别与回应父母的沟通能力，这些变化都会促使她和周围人产生联系，反反复复试探和享受自己的新技能。

这是一个触点，并且也会相应地为此付出代价。爸爸妈妈们可能会感觉："她每一刻都希望我陪着，不然就会吵闹。"他们可能会合理化这个过程："我想也许是因为她长牙了。不然为什么旁边没有人的时候她会那么不高兴？"父母甚至会觉得宝宝是在学习如何"控制"他们。但事实上，她只是在享受

那种识别和处理她自身感觉的过程而已，她在探索表达这些需求和吸引他人进行回应的新方式。每次当她向外探索的时候，她对自己内在的控制力以及对于这个世界的重要性又有了新的认识。

8个月——在试探中学习界限

试图探索"禁地"时，父母的"叫停"让她心安

当这个月龄的宝宝学会爬行时，她会前往那些"禁地"，如电视柜、灶台、马桶等。你的"不可以"会变成她进一步探索的动力。当她有自我主张的时候，她会想要知道你对她取得的进步有何感受。现在她不仅能够更清晰地表达自己，还能通过你的面部表情知道你在想什么。当她开始爬动时，她会观察你的脸，了解她的行为将如何改变你的表情。厉害吧！

当你的宝宝开始在她的能力范围内探索更大的世界时，她需要知道你会在这里阻止她一些冲动的行为。虽然她被阻止时会体验到挫败感，但她同样也会感激你这么说："你不能那么

做，我必须要抓着你，直到你能自己停下来。"她已经知道了界限在哪里："不可以碰灶台，不可以碰电视。"当被制止的时候她会愤怒尖叫，但也会看着你，确定你在倾听并且心意已决——她需要从你坚定的面部表情和严肃的声音里确定这一点。然后她的表情会放松下来，甚至会钻到你的怀里。

这些小片段使得婴儿了解了她让你做出回应、预测你反应的能力，同时也知道你能在多大程度上提供她所需要的控制，帮助她去平衡探索过程中的兴奋。她会注意到你的各种警示，尽管她看上去像是没听见似的。她知道了自己可以依靠你来制止她，而这是她自己学会"停止"的第一步。她知道自己是安全的，而且她知道你是在乎她的！

她指来指去表达自己的主张

在8个月大时，婴儿可以伸出手臂和食指指向她想要的东西。现在，她可以用这种肢体语言表达："看那里呀，我想要你看那里！"或者甚至是"把那个给我——就现在！"如果妈妈正在打电话，她会爬向灯的插座，然后用手指指着它，妈妈会扔下电话冲向她——那一刻如同提线木偶似的，而宝宝发现自己可以是控制"妈妈木偶"的那个人。当婴儿如此依赖他人照顾她时，这种可以"操控"他人的能力是多么重要！在8个月大的时候，她已经学会了稳定的方式来支持自己的主张，并且给自己找乐子。

通过扔东西试探"界限"

在这个月龄，婴儿也在发展指尖抓握能力，会用拇指和食指捡拾起微小的食物碎屑。因此，在这个阶段，她一定会操练这些新的能力来玩耍和投掷食物。她会把小块的食物扔在餐椅附近。很快，她发现自己可以让父母们捡起这些食物，或者大喊"不可以！"刺激爸爸妈妈们采取这样的行动成为其乐趣的一部分。她会暗自发现，当她把芥末酱翻倒在地上时，爸爸妈妈的喊声可能比她把麦片扔在地上时要响得多。她正在发现自己新的能力：对食物的，也是对父母的！她会发现自己甚至可以让宠物狗或其他兄弟姐妹们都参与进来。

还有其他一些新能力也是有待试探的。例如把玩具扔在地上发出巨响并弄得乱糟糟的，拍击桌子发出响声来吸引注意力，换尿布的时候她可以大喊大叫、踢人和扭动身体。当父母们开始生气时，这些乐趣似乎变得更大了，但父母们会想："到底怎么了？她曾经是如此可人的小天使，但现在……"

到底发生了什么呢？在8个月大时，宝宝学习爬行，捡起细小的东西，投掷大的物体，搞出许多响声，指向她想要的东西……这些新的尝试都让她看到自己可以对父母产生怎样的影响。对自己所处世界的掌控感正在逐渐形成，她是否也开始在试探和学习周遭世界的限制与边界在哪里呢？

这些自我主张的早期形式对于父母来说需要进行很大的调整。在宝宝学会节制之前，她一定会有越界的过程。但当宝宝尝试着自己的新技能，试图获取新的独立时，父母们也必须控制住自己的怒火，给孩子提供她所需要的限制与边界。父母和孩子都在学习寻找到独立与边界之间的平衡。自控能力的形成还需要一段时间。

12个月——行走的焦虑与满足

"牵着父母鼻子走"

在12个月大时，宝宝也许已经开始走路了，或者准备开始走路了。这意味着她有更多的独立性与契机去进行大胆的新的探索。这些如此令人兴奋，以至于她有时候会失控。

她会发现跟不上自己做决定的节奏（"我该走到这里还是那里？"），或跟不上满足自己试探新奇念头的速度（"要不要看看那个柜子里面是什么？"）。这些新的可能性都令她手足无措。她试着控制自己，但变得愈加狂乱。她知道自己无法在缺少父母帮助的情况下控制自己，需要确保自己的状况是被父母所看到的。她会想尽一切办法来让父母体验她的紧张与混乱。

四处走动会引起大量混乱的体验，她不停地走走走，仿佛是在牵着父母的鼻子一起走。当父母抱起她或限制她时，她会沮丧地尖叫起来，甚至会大发雷霆，这时父母仍旧要坚决制止她走向那些有潜在危险的地方。她以后会有许多机会来学习努力控制自己的愤怒，但她此刻还不能很好地做到这一点。

咬人、抓头发是新的"沟通方式"

当宝宝开始探索新的方式来对世界产生影响、表达她自己并且探寻事情会有怎样的结果时，她很可能会咬妈妈。妈妈大哭起来，宝宝既兴奋又害怕："我做了什么？"如果她还在吃母乳，她甚至会咬妈妈的乳头。妈妈会一下子惊跳起来，简直要把宝宝扔在地上："不不不！"这个反应会使宝宝再次试着咬人——一次又一次。渐渐地她会学会停止咬人，前提是父母的反应是坚定的："不可以，那样很疼"，并且把宝宝放下。转身走开是一种有力的惩罚。

宝宝也可能从这个月龄开始扯别人的头发，这会导致父母非常迅速的反应，"哎哟！"每个父母也许都会尖叫起来，宝宝咯咯笑起来，然后再次尝试一下。父母们会大喊："不要！不要！"宝宝咧嘴笑起来，但并不会停下。"如果我再那么做的话，他们依旧会不离不弃吗？"宝宝似乎会这么想。她在享受制造混乱与激怒父母所带来的快感，她也试着用新的方式和父母在沟通，而那背后是她对于分离做好了进一步的准备，但又需要同父母保持联结的复杂心情。

学走路时而让她乐此不疲，时而崩溃尖叫

在1岁左右，当宝宝把大部分精力集中于学习走路时，就会干扰她在睡眠、进食和早期情绪控制方面的发展。她突然开始拒绝睡觉并且开始夜醒，每4个小时她会抓着婴儿床的栏杆站起来并且大喊大叫，仿佛在说："帮帮我！我要练习走路了！"她对食物仿佛失去了兴趣。她会尖叫求助，而不是呜咽哭泣。她变得很容易崩溃。

学走路的过程似乎要让家里的每个成员都付出代价。对父母而言，睡眠会变得很糟糕，他们会对孩子很气恼："她为什么突然变得有那么多要求了？""我们那个很好照料的小天使去了哪里？"而孩子快要学会走路了，但还没有完全学会。她的失望与挫败会转化成愤怒与混乱，并发泄在周围人身上。

如果父母能意识到这些变化是暂时的，并且能将其视作宝宝学习走路的巨大热情，他们就能忍受她的愤怒、崩溃，甚至在自己失去睡眠时感觉不那么绝望与受伤。如果他们能理解孩子脆弱与愤怒行为背后的原因，他们就可以寻找到自己的角色来帮助孩子度过这个"触点"，走过这段整合各种力量的时光。

学走路：父母提供帮助的方式

1. 走路是自我主张的一种早期表现形式，1周岁的孩子仿佛在说："我要去我想去的地方，在我想要去哪里的时候就去哪里。"因此，当你需要她去某个地方时，她一定会拒绝你的努力。但如果你让她对此做好心理准备，她有可能会跟着你一起走过去。在这个月龄，需要有人提前几分钟提醒她。让她知道你理解她不想停下手头正在做的事情，尽管很快她不得不停下来。如果可以的话，让她带着心爱的玩具进入下一项活动中，并且为了帮助她完成转换，提前告诉她下一步你要做什么。

2. 在她没太多要求的时候去安抚她，这样比她进入哀号焦躁状态时要容易安抚得多。如果她真的陷入混乱之中，你可能需要少干预一些，这样她可以试着自我安抚，而你也不会过度强化她的行为。但是，在这个触点阶段，宝宝经常会崩溃并且难以自我安抚，这时你需要去帮助她。你可以安静地抱着她，尽可能少采取行动，并观察她可以做些什么来使自己安静下来。当她平静时，告诉她在有需要的时候她可以获得拥抱，不要再啰唆其他的事情。

3. 允许宝宝昼夜操练自己的新技能，没有什么可以阻止一个即将要学会走路的宝宝。她白天会撑着沙发、咖啡桌、浴缸站起来，晚上则会撑着婴儿床站起来。任何可以够到的东西都会被她拿来当作支撑，无论那个东西是否可以承受她的重量。这时要小心，保证其安全！

4. 你可以带着她到处走来让她操练走路技巧。让她用双手抓着你的手，然后和她一起蹒行，背部微微弯曲，这对你们来说会非常有趣。

5. 管教与边界在这个阶段可以让她安心。当宝宝的烦躁变得失控时，你可以让她知道你不能接受尖叫和哀号——即使你依旧要帮助她安抚自己。她会用感激的眼神望着你的脸，仿佛在说："当我感觉失控时，我会需要你的帮助来让我停下来。"

6. 为你的干预设立边界——何时帮助、何时管教、何时让她自我控制，这样宝宝会体验到自己的成就感。

7. 安抚她的同时教会她方法以使自己恢复平静——也许是用某个安抚物或吮吸拇指等。当她那么做的时候，让她知道你有多么为她感到骄傲。

当孩子在经历一个触点时，攻击性情感会浮出水面。这些情感仿佛是孩子为了取得令人振奋的下一步发展所需要付出的代价。在这个触点的笼罩之下，宝宝可能会在你离开她身边的时候尖叫或崩溃。她对于那些你必须要离开的时刻会变得格外敏感，因为她知道自己已经具备主动离开你的能力了。

"玩消失"就为看看父母会不会来找她

当掌握了"行走"这项新技能，婴儿就可以试着去探索一个新概念："如果我离开她，她还会在那里吗？"她在探索的是客体永久性——即使在视野以外，一个物体或者人依旧是存在的。她需要去试验这一点。尽管父母就在不远处，但她依旧需要确认他们是在那里的。当她见不到父母的时候，她是否能相信他们在召之即来的距离范围内呢？这个年纪的孩子开始尝试让自己"消失"，她是在试着和父母玩，然后看看他们是否会来找她吗？这个阶段，她需要比任何时候都更多地去试探父母。当她发现自己有能力离开时，她更需要来自父母的限制让自己安心。

开始理解分离

当学步儿发现自己可以想着视野以外的事物或人时，这彻底改变了分离对于她的意义。

在此之前，把孩子留在幼托机构是相对容易的。父母可以把她塞进熟悉的照料者的怀里，她会把被留在幼托机构的不满留到下午爸爸妈妈回来接她的时候。眼不见为净。

但是在1岁的时候，孩子很可能会开始努力争取让父母寸步不离。她已经知道自己可以离开父母，并且在走到转角时让父母"消失"——他们仿佛是在一段时间内"走开"了，但她依旧可以想着爸爸妈妈，脑海中都是他们。现在她还必须要面对当父母离开她时会发生什么。这是个令人害怕的全新概念。孩子明白她的爸爸妈妈会在某些地方但并不和她在一起，一整天都是。她知道自己会想念他们，会哭喊着找他们，但除非他们自己决定回来，否则她是无法让他们立刻出现的。

这个年纪的宝宝已经无法忍耐到一天结束的时候再让父母知道自己被留在幼托机构的不满了。现在她会在父母早上离开前就主张自己的情绪，并且看看他们到底是否会离开自己。首先，她会在去幼托机构的路上哀号，她会感受到妈妈的身体变得僵硬起来，爸爸则变得严肃起来，她的抗议进一步升级。很快，她进入到由于被留在幼托机构而大发雷霆的状态——即使那里有不少她认识与熟悉的人。此刻她已经清楚知道，这样的方式会让父母在此地徘徊一段时间，而这带给她一点小小的满足感——尽管最终还是要说再见，并等待一整天过去才能再次见到父母。

1岁的孩子现在已经知道，她的抗议是会被听见的，即使那些抗议未必会以她想要的方式得到回应。这些抗议、试探父母的情感和行为可以帮助她处理那些与"被留下"有关的愤怒情感。抗议的过程其实也是在表达她对于父母的依恋。

是时候让孩子知道"不能事事如愿"了

当孩子对分离表示抗议时，以及当孩子经历分离本身时，父母的限制能使整个过程更安全。尽管孩子的需求会被听见和理解，但限制已经是设定好的：父母们必须离开，尽管他们最终还会回来。这样，孩子会意识到这些分离不会伤害到她或她的父母。她会好好的，爸爸妈妈也是，并且她可以盼望一天当中重聚的时刻。但如果父母对孩子不让他们离开的诉求妥协了，传递出来的信息就是令人困扰的，孩子可能会怀疑自己的担忧并非空穴来风，如果父母真的离开了是不是会有糟糕的事情发生。分离难道是危险的？他们是不是因此决定留下来？现在她开始担心，如果他们真的离开，也许他们再也不会回来了。

从1岁开始，孩子会体验越来越多的无法被彻底满足的情感，无论她多么清晰地表达了那些情感。而父母们会越来越难以——但也越来越有必要——倾听孩子真正的需求，然后帮助她去接受那些无法得到彻底满足的时刻。

16 ~ 18个月——冲动无处不在

"脱缰的野马"学习控制冲动

这是一个不断重复"我，让我来，我要来，让我做这件事情"的年纪，学步儿的自我主张具有全新而大胆的特质。现在，当她咬妈妈或者打爸爸时，她的动作看起来并不是那么随机、迟疑或小心翼翼。相反，她似乎有点理直气壮，仿佛在说："你打算拿我怎么样呢？"这一刻，父母们一定要更为坚定地做出回应。

这个年龄的孩子脑海中的点子一个接着一个，并且必须要马上把它们付诸行动。当她尝试着自己新的走路技能时，她会想要自己走来走去。有时候，她就像脱缰野马似的冲向马路！如果她之前曾靠近过马路，可能会更有意识一些；如果她之前并没有这样的经历，现在她会发现，父母会愤怒地制止她并坚定地说："再也不许那么做！"也许她就不会再那么做了，但父母不能指望她完全能够约束自己。毕竟年龄还没到。

在第二年的时候，孩子会努力学习了解很多东西——作为独立个体的自己、她对父母的需求，以及如何在不失去父母的前提下变得独立。当她激怒父母并且把他们推开时，她是在试探他们是否还会与她在一起。

这时她需要父母来让她知道哪些需求是不能得到满足的。当她想尝试一些事情的时候，或者想了解自己能做到什么程度的时候，前提是她能够依赖父母。这对孩子和父母而言都是一段充满压力的时光。对孩子而言，她努力想要对其愿望与冲动保有控制感，随之而来的是"我可以自己做决定"的兴奋感，但这也意味着某种程度的脆弱，这既令人兴奋，又令人害怕。父母们也会感觉很矛盾，一方面会想要鼓励她愈加独立，另一方面又需要为孩子的需求构建起包括管教、界限与情感支持在内的安全网络。

为什么现阶段孩子的情绪比其他任何时候都要来得强烈？

这不仅仅是因为她处于想要尝试不同东西和需要被照顾之间的矛盾之中，而且她更有能力聚焦于自己想要的东西，并且以愈发强烈的韧劲去坚持得到这些东西。那些用其他东西吸引她注意力的日子已经过去了，如今，一个唾手可得的东西已经无法替代她对于不可轻易获得的东西的向往。这是另一个触点，这种能力带来全新的关注与坚持，使其有能力抵御那些转移注意力的事件，使得她能够更执着地追求自己想要的东西。但家庭成员和孩子都会以情绪崩溃为代价，这些崩溃往往发生在每次发生变化的时候，需要切换场景去做另一件事情的时候，以及她必须停下来的时候。

在第二年的时候，孩子的情绪变得前所未有的强烈。她还没有准备好去识别和有效表达这些情绪，并且通常无法控制自己不去付诸行动，到最后就开始大发雷霆。父母可以把这些过程转化为学习处理强烈情感的早期契机，耐受挫折，并且发展自控力。

为何会大发雷霆

当一个孩子首次完全崩溃并且大发雷霆，这个过程结束时她看上去充满无助的脆弱感。当这一幕结束时，她需要坚实平静的保护，温暖有爱的拥抱。这种大发雷霆的过程经常被称为"崩溃"，这个过程会消耗孩子的许多能量，她会变得苍白无力，非常黏人，当妈妈把她抱起来时她会发出呜咽声。但是在大发雷霆的当下，这些做法都未必管用（亦可参见第三章中的"大发雷霆与自我控制"）。

孩子会被自己的失控所吓到。也许这就是为什么她会一次再一次地大发雷霆——直到她学会了自我控制。对于那些自身的情绪，以及由情绪所导致的令她害怕的行为，孩子希望可以找到方式来掌控它们。每次当她大发雷霆的时候，她会得到周围人的回应。从这一点上她了解到父母会在何时何地帮助她平静下来恢复理智。那些令人崩溃的时间和地点对于孩子而言是最不知所措和令她害怕的。而毫无疑问的是，大发雷霆发生的节点通常是她可以制造最大混乱与影响的时机——例如在超市、在移动的车里、在拥挤的车厢里或在一个嘈杂的生日派对上，这些往往都是父母们感觉最不便与尴尬的场合。

当孩子累了、饿了、压力太大了或被过度刺激的时候，大发雷霆就很有可能会发生，其实对大人来说也是这样。另外，如果孩子很沮丧，无法得到她想要的东西，也有可能会大发雷霆。

大发雷霆也可能因为内心冲突而引发。在第二年，孩子是如此想要什么事情都"自己来"，想为自己做所有的决定，但又要面对自己无法做出决定的现实："我应该这样做还是不应该""我想这样做还是不想"。当大发雷霆的原因是这些内在的矛盾心情时，它的出现几乎是没有预兆的。孩子可能会站在走廊里，一会儿看着这间屋子，一会儿又望向那间屋子，她无法为自己决定"走这边还是那边呢"，突然，她倒地大哭大闹起来，看上去饱受折磨。类似的崩溃会令周围人感到惊讶，似乎只有她自己那么在乎下一步要怎么做，其他人甚至都没有意识到这一点。如果父母试图安抚她，她会反复不断地痛苦尖叫和打闹，仿佛在说："让我一个人待一会儿！这是我的决定！"

父母们也会自我怀疑："我到底做了些什么？我怎样才能避免孩子这些情绪崩溃的时刻？"其实意识到这些冲突来自于孩子的内心世界对父母来说也许会有所帮助。用她自己的方式做事情（即使她不知道那意味着什么）是她主张独立的全新方式。

这个过程混杂了一种全新的用来抵御无力感的叛逆。但矛盾的是，孩子越是激烈地反对父母、反抗无力感，她就会变得愈加无助。因此，她整个人躺在地板上，哭泣不已。大发雷霆仿佛是在绝望中对抗这些感受，但这是一场注定会输的战役。

如何避免咬人或打人成为习惯

咬人和打人在现阶段已经成为更严峻的问题。当这个年纪的孩子变得无比兴奋或沮丧，或者失去了对自己的控制时，她就很可能会尖叫，或者打人咬人。失控后，她可能会在玩耍时攻击另一个孩子，然而当这样的瞬间发生后，她自己可能会像被攻击的孩子一样对这一局面感到震惊。当她的玩伴因此大哭起来，她会和其他小伙伴一样对此感到害怕。她从未在成年人这里得到过这样的反馈，她并不是真的想要伤害对方，只是想要释放内心压力，但结果是令人担忧的（参见第三章中的"咬人""打人、踢人和抓人"）。

每个人都鄙夷地看着她，其他父母们可能会有如下反应："她咬人了，我不想让她和我家孩子玩。""我不希望自家孩子学会她打人那套，这实在是太糟糕的榜样了。"但其实大多数学步儿都会经历这样一个阶段。他们是从彼此身上"学"来的吗？也许是，但这种情况如此普遍，更像是大部分孩子在这个年龄所具有的一种冲动。

父母可以做些什么来帮助孩子恢复控制并学习不去打人咬人呢？如果父母和照料者对此反应过度的话，反而会让孩子愈加焦虑。孩子需要的是什么呢？她需要成年人充满关爱的安抚、限制和信心，让她知道自己是可以控制自己的。

同时这也是进行管教和教育的好时机。如果你可以识别出孩子即将咬人或打人的信号，那么可以将孩子抱起来，并且帮助她平静下来，避免她袭击其他孩子。如果你可以事先安抚她，你就可以帮助她学习控制这些行为，控制住自己的冲动。最终，她甚至会自己学会识别那些信号，并且在事态变得严重前及时收手。

如果没有及时地制止她，你依旧可以让她知道伤害别人是不被允许的。在这一幕结束后，父母要保持平静，把孩子抱起来安抚她。在她咬人或打人之后，把孩子们分开，并且让你的孩子知道她必须自己待着，直到她能够道歉并且不失控。这种短暂的隔离冷静比过度反应更有效，过度反应会使她对于自己的过失更加恐惧，或者会导致她通过多次咬人来试探成年人的反应。

当她能够听进你的话的时候，可以平静而坚定地告诉她："这很疼，你不可以对别人这么做。当你平静下来之后，你需要过去和小伙伴说对不起。下一次，我会帮助你在失控之前就停下来。"她可能会害怕自己无法让自己停下来，而这一定会干扰她去做更多的探索与尝试。你可以向她保证她会学会让自己停下来，并且直到那一刻，她都可以依靠你给她的界限："我不会让你那么做的。"

2 ~ 3 岁——自我主张没商量

坚持主张的"过程"比"结果"更重要

这个年龄段的孩子有时候看上去一脸严肃。她会皱起眉头，步履坚定，并且告诉你她在很努力地搞清楚这个世界在发生些什么。她会决定自己想要什么，并且担心自己可能需要付出很多努力才能得到那样东西。对她而言，重要的不是得到什么东西，而是坚持自己主张的过程。她会试着反过来影响那些父母对她的指令，但她对父母也充满了爱意，当双方没有战争的时候，父母对她是如此关爱和温柔以待。她一方面如此渴求父母的感情，另一方面又需要证明自己的各种主张，因此她需要对父母展现出自己严肃的一面。

当父母试图阻挠她的新探索时，例如重新摆放家具或者把薯片放在肥皂盒里，她就准备好要反抗了。她会不断寻求新的方式来维持来之不易的独立性。

想要孩子独立，如厕训练很关键

如厕训练是孩子展现自我主张的契机："你不要来改变我，我可以自己来。"如厕训练使孩子有机会向大人的世界认同，这点会令他们感到兴奋。但那些被迫接受如厕训练的孩子则不会将此视作自己变得更为独立的机会。对他们而言，使用小马桶可能像是另一种形式的"妥协"，他们很有可能会抗拒，或者感觉自己被控制了。

当父母们逼迫孩子进行如厕训练时，他们可能意识不到那意味着什么：要求孩子感受到便意，去到父母指定的地方去排便，然后看着身体里的那部分（排泄物）从她的生命中消失！这是多么高的要求啊！这事儿必须由孩子自己决定。如果不是

那样的话，活跃好动的孩子怎么会对此不排斥呢？她怎么会不
憋住大便呢？当她那么做的时候，她很可能会便秘；而当她再
次排便时，坚硬的大便可能会让她感到疼痛，弄伤肛门。她会
尖叫着说："不要不要不要！好疼！"于是，除了维护自我主
张以外，她又多了一个拒绝排便的理由。

如果孩子在完全准备好之前就被迫接受如厕训练，他们可
能会拒绝使用便桶，憋住大便，甚至会拉在裤子上。这些阻抗
信号都说明孩子在强烈要求证明自己并能为自己的如厕训练做
主。当孩子憋住大便时，她仿佛在说："这是我的一部分，我
想要自己对此负责。"父母可能会乞求孩子："你就试试看吧！
就坐在马桶上一小会儿，就当是为了妈妈那么做。"他们可能
会开始谈判或对她施压："如果你穿尿布的话，妈妈是没法把
你送去幼儿园的。"

如果你曾经历过这样的冲突，试着向孩子道歉，为了你给
她施加的诸多压力而道歉；让她知道她有权决定自己何时准备
好进行如厕训练；收回你对她该上厕所的提醒，无论那些提醒
有多么温和；向儿科医生或护士寻求帮助，确保她的大便是柔
软的，这样她就不用因排便疼痛而憋住大便了（参见：Toilet
Training：The Brazelton Way）。

当你把如厕训练留给孩子做主，她就能决定自己的节奏，然后自己决定如何进行这个过程，这会真正成为她自己的成就。你可以帮助她把对你施加压力的阻抗转化为她自己做决定的过程，主张自己的独立性。如厕训练过程使孩子有机会体验到为自己身体做主的感觉。

她用大发雷霆控制父母

当2岁孩子崩溃时，这个过程看上去不太像是她失去了自我控制，更像是孩子在试图证明她有能力控制你。现在，通过大发雷霆向你展示了让她做出自己的决定对她而言有多么重要："我要橘色的上衣，不要绿色的。"你需要选择和她对抗的时机，当她感觉被管束或者沮丧时，她可能会留存那些感受并于日后爆发。对你们双方而言，届时可能都很难知道这些情绪究竟从何而来。

但此时她依旧会有彻底崩溃的时刻，对此不要感到惊讶。当她无法得到她想要的，或者任何你对她说不的时候："不，你不可以只穿这些衣服和袜子出去，外面在下雨。"3岁孩子听到这样的话依旧有可能倒地尖叫大哭起来。但是这些大发雷霆的时刻中有了新的元素。当她倒地的一刹那，她似乎在表演，大发雷霆好像成为了一个沟通过程，孩子会直视父母的眼睛。当父母挑战她时，她会把他们拉入自己发脾气的场景里，以此证明她有能力控制整个局面。有时候，她似乎急切希望父母可以感知到她的这种全新力量。如果父母让步的话，她通常就会停止发脾气，但她也会因此拥有过多自己无法掌控的权力。

如今，大发雷霆对孩子和父母而言都已经令人疲倦了。当她不知道还有什么方法可以得到自己想要的东西时，她会退回到父母身旁。父母的任务是帮助孩子学会其他方式来表达她的需求，并且接受以不同的方式来满足她那些需求。

让她自己做决定并感觉到自己可以控制自己会有所帮助——但前提是你能够允许她那么做。例如，让孩子自己摁电梯按钮，但不是让她按下所有的按钮。让她做一些简单的选择，不管她选择了什么都是可以被接受的："现在，我们不会买汽水或薯片，但你可以决定我们到底是买梨还是苹果。你两样都想要？好吧。"当有些决定不能由她来做出时，需要清楚地让她知道。然后，当你必须介入并为她做出决定时，她依旧能够意识到自己在另一些时候是可以做出决定的。

不要把大发雷霆视作是针对你的。如果你这么觉得，那么大发雷霆的威力就会更大。相应地，父母应保持冷静，减少回应，使她安静下来，同时让她知道："大发脾气不会让你得到自己想要的东西。"坚持你的立场，然后，在确保安全的前提下，你可以走开一会儿。如果你不放心那么做，可以待在附近并且看着她，但不要和她互动。你的决心对她而言会是一种安慰。然后，把她抱起来并安慰她。

频繁愤怒、打人怎么办

这个年龄段的孩子学习了多种方式来证明自己对于世界的掌控感，但现在她又有了许多全新的要求。例如，抓扯猫的尾巴，打爸爸，或者当妈妈想抱起她时踢妈妈。这些行为一开始看起来似乎是在玩闹，或者被忽略。但现在大家都认为她应该更懂事了，大人们期待孩子能够明白这些行为是会伤害他人的，并且她可能需要对此负责。当她踢人或拉扯别人时，大家都会认为那是"故意的"。不管她是不是如此，她现在需要了解、遵守这些新的要求。尽管她并不是所有时刻都能够控制自己，但她需要知道自己需要对行为负责。她强烈希望自己是不失控的，并且强烈希望自己是能实现自控的，周围人的这些要求正是表达了对她这些愿望的尊重。

孩子频繁愤怒的常见原因

如果你的孩子看起来无法和小伙伴们享受玩耍时光，并且大部分时候都愤怒或易激惹，这也许意味着你需要关注孩子是不是有其他方面的一些状况。

·愤怒有时候是一种信号，告诉你孩子感觉到威胁并且正在寻求保护。

·有时候孩子愤怒可能是因为很简单或清晰的缘由，例如家中新降临的小生命。

·有时候，愤怒背后的原因可能很难去面对，例如因为婚姻关系冲突所导致的父母之间的敌意。

·孩子可能在语言发展方面有所迟缓，使她无法表达需求，并且让她对挫折感到不知所措。

·另一种可能性是她被威胁了，可能来自于一些嘲弄、欺负她的大孩子，或者其他一些更为严重的威胁。

如果有需要，可以向儿科医生或老师求助，让他们帮助了解孩子攻击与愤怒背后的原因。

这些攻击性行为背后可能有很多不同的原因，下面是一些常见的原因：

· 获得关注；
· 因为输了游戏而愤怒；
· 过量的感官信息或一天结束时的疲劳；
· 自我防御——针对某种威胁，无论是想象中的还是真实的。

但不管什么原因，打人都是不被允许的。

父母需要清晰表达要求。例如当一个孩子打人、抓人或咬人时，相应的后果必须是即时、坚定和一致的。当孩子一次次选择肢体冲突，或者看上去无法在和他人玩耍时切换到和平状态，父母需要寻找潜在的原因。当孩子反复攻击你或他人时，这可能是她让你知道有些更严重的状况困扰着她的唯一方式。

4岁——初尝"内疚感"

4岁的孩子已经知道她是重要的，她再也不需要像过去一样来挑战父母。如今她可以更轻松地处理自己的情绪，更轻松地让周围人知道她的需求。现在她对自己的关注少了，却对世界充满了好奇。但是，她只能以她自己的经验去理解周围的世界。现在她看待问题会更深刻一些，并且可以更久地维持自己的兴趣。

开始模仿父母中的一方

4岁的孩子依旧非常忙碌，但看上去放松些了。她的脸更柔和而自信。男孩子会挥舞双臂，伸腿，就像他爸爸似的。女孩子则出现更为柔和的动作，并且会模仿妈妈的动作。也许通过认同父母一方或另一方，4岁孩子内化了许多东西，而并非总是在抗争与叛逆中去彰显自己的主张。他们通过认真的观察与模仿来确认自己是谁，有时观察与模仿妈妈，后来可能又换成了爸爸。当她认同你并且试图取代你时，你也许会有种被拒绝的感受。但不要表露出这种失落，顺其自然，这样的阶段很快就会过去。

4岁的孩子会背对父母一方，与另一方"坠入爱河"，这是她用来认同被自己暂时拒绝过的父母一方的方式。然后，她也会把这种独一无二的方式施加给另一方。通过这种方法，她可以在一段时间里只向父母其中一方学习。只关注一个父母并忽略另一个是一种极其经济的学习方式。如果周围人指出这点，她很可能会说："你是个坏妈妈，世界上只有爸爸爱我。"她已经开始意识到这样的对话对他人的杀伤力。

开始懂得"内疚"

当4岁的孩子几乎像个保安似的观察周围时，她更能意识到他人的存在，她会随时了解周围人对她做出的反应。她可能会意识到，当她把所有的热情留给父母中的一方时，另一方会感觉被排斥了。在4岁大的时候，孩子正在发展想象他人想法和情绪的能力，现在她能看见自己对他人情感产生作用的能力。她会担心："如果我打了她，她就会不想和我玩了。如果我拿了她的玩具，她会尖叫而妈妈则会来批评我。"她想要拥有朋友，她会不断尝试。"想象他人想法和情绪的能力"是把双刃剑，当孩子在游戏中重现平时被悉心照料的桥段时，父母们总是会非常骄傲；而这种能力的发展同时也会让父母在这个年龄段的孩子爆发出愤怒时变得更加担心。

另一个契机是，现在孩子能更好地判断自己的行为所导致的后果，这是一种全新的是非意识，这种觉悟促成了良知的前奏。内疚也是这一阶段出现的一种全新感觉。有时候这些会成为一种强大的动力。

4岁的孩子经常想要收回主张自己的诉求，不再侵犯他人领地，或不再宣称那是自己的。更多的时候，她有能力控制自己的攻击性冲动，并且尊重他人的感受。因此，她也从中体验到了一种全新的自信。

能识别和处理自己的情绪了

4岁的孩子开始意识到自己的情绪并且会关注它们，她有了更多可以描述情感的词汇。当她试着去命名那些从心底涌现的情绪时，她就有机会去谈论它们，去了解这些情绪试图告诉她什么、她为什么会有这些情绪，以及她可以对此做些什么。这是一种重要的新技能的开端，有些心理学家将之称为"情商"。学习处理她那些充满攻击性的诉求也是非常重要的。

如何帮她心甘情愿地分享

4岁的孩子依旧需要帮助才能平衡自身和他人的需求，也依旧需要帮助去学习处理那些势必会引发冲突的场合，但有些状况是可以避免的。例如，父母可能会说："如果我们邀请你的小伙伴下午过来玩，你和我需要共同决定哪些玩具是你愿意和对方分享的。记得上次她想玩你的玩具时你有多生气吗？如果你不想让她玩你的某些玩具，我们可以在她到来前就把它们收起来。"她听着父母的这番言论，可能会选择合作。类似的场合都能让她学会做计划。对于潜在的冲突寻求解决方案也能让她有机会避免预期中的危机。

做噩梦如何安抚

当4岁的孩子开始意识到其攻击性情绪及其所导致的后果时，她可能会对自己感到害怕。她要为那些充满攻击性的行为付出新的代价了！当她尝试着呈现攻击性行为时，她对此是感到害怕的。她知道自己错了，并且等待惩罚。

在夜间，当她的防御消退，当她退回到无助的睡眠状态时，恐惧与梦魇都会浮出水面。"我的床底下是不是有个巫婆？我的衣柜里是不是有个怪兽？"在她的噩梦里，这些元素可能都会出现，用来惩罚她"坏"的行为。或者梦中的这些人物会做各种她想做而无法做的、充满攻击性的行为。

我记得有个小男孩曾经打了他最好的朋友并把她推倒在地。受害者的手臂上有一个小小的伤口，而且流血了。每个人都冲过去安慰她，给她的手臂消毒，帮她贴上好看的创可贴。而攻击她的男孩则缩在了校园一角，一边吮吸着手指，看起来面色苍白，神情低落，呼吸沉重。当我把他抱起来想安慰他时，他把头靠在我身上（我和他素不相识）并且啜泣起来。因为自己闯下的祸，他觉得害怕且被孤立了。后来我听说，那天晚上他做了一个长长的噩梦——梦里满是野兽、吠叫的狗、断肢的小男孩们。

那些近在咫尺的恐惧——做了"坏事"或伤害了别人，应该接受惩罚等——会在白天被任何令人恐惧的事件召唤出来，甚至只是狗吠声或救护车的警鸣声。电闪雷鸣也会吓到这个年纪的孩子。对她而言，这仿佛是来自某些人的控诉，那些人听到或看到了她做的所有"坏事情"。

夜间，类似的恐惧会让她不知所措。她已经意识到了自己伤害他人的能力，她担心自己那些想要变得更强大的幻想。在这个年龄，失控比任何时候都更令她感到害怕，良知和意识到他人情绪的能力使得失控的过程显得更危险。

当孩子做噩梦时，父母怎样帮助她？当4岁孩子的心理防线在夜间消退，她会变得更加脆弱，这时父母应该安抚照顾她。不要放弃常规的夜间仪式——读书、搂抱和唱歌。你可以事先向她保证当她害怕的时候你会过来的。如果她夜间大叫起来，你可以到她身边，告诉她"我就在这里，你不要担心"，倾听她的恐惧，以及为了理解这些恐惧所付出的努力。

管教能给孩子信心，在这个阶段尤为重要。当父母对于规则和要求是清晰明确的，孩子就会知道即使自己失控时总有"旁人在掌控局面"。

怎样帮助做噩梦的孩子

1. 白天，和孩子一起看看床底下和衣柜中有没有怪兽与巫婆。通过这种方式，让她感受到你是认真对待她的担忧的，同时又没有强化这些恐惧。

2. 在上床睡觉时，给孩子读一些故事来帮助他们理解梦魇，例如《我的衣柜里有个怪兽》（There's a Monster in My Closet），也可以读一些有关"做梦"的书，例如《厨房之夜狂想曲》（In the Night Kitchen），这些可以帮助孩子理解梦源于白天的担忧或其他情绪。也有一些书籍会让孩子们意识到梦境所带来的愉悦。

3. 让孩子看见小夜灯在哪里，然后关掉其他的灯，在你在场的前提下让她四处观察一下。

4. 向她保证，当她待在自己房间里时，你也会在你的房间里。

5. 如果她真的在梦魇中醒来，去到她那里，坐在她的床边，让她告诉你所做的梦（我妈妈曾经说过，如果把梦告诉别人，这个梦就不会再出现了。我觉得她说的是对的）。

怎样帮助感到恐惧的孩子

1. 当孩子感到恐惧时，不要拖延，要及时处理。等待只会使孩子认为有些事情是需要不断担心的。

2. 和孩子一起列一张清单，上面是她感到害怕时可以使自己感觉好一些的所有方法。例如，握住你的手，一起聊天，想想其他事情，或者一些自己面对并克服恐惧的经历。这些都是自我安抚策略。

3. 然后，列出所有令她感到恐惧的事物或事件，并且将它们按照恐惧程度排序，例如"我讨厌吠叫的狗，我讨厌看见狗——特别是当它露出牙齿的时候，我讨厌当狗不在的时候在后院看到它啃的骨头，我甚至会讨厌想起它。"

4. 现在你的孩子已经准备好面对恐惧了。她可以先想一想自己害怕的东西或场景中不那么恐怖的部分，然后练习自我安抚技能。一旦她能够在这种时候安抚自己，说明她已经准备好进入下一步了。通过这种循序渐进的方法，她就能够克服自己的恐惧。

给孩子示范如何处理情绪吧

你可以和孩子讲讲那些你感到害怕的时刻（如果他们当下并没有过度恐惧），以及你是如何面对恐惧的。你也可以告诉她你是如何调整自己那些充满攻击性的情绪的，这样她就可以认同你并且模仿你的做法。关于与攻击性情绪共处，她会从你这里学到最多的经验。在白天，让她知道你也有不安的时候，但你会努力控制自己："当邻居把他家的杂草扔在我们院子里时，我真的很生气，我很想揍他一顿，但我没有那么做。我只是把那些东西清理出去了。我告诉他这么做会令我们感到困扰，他当然不喜欢听到这些，但当我说出这些时感觉好多了。"
当孩子再次失控的时候，观察她从你这里学到了些什么。如果
她能控制住自己的愤怒与冲动，你可以帮助她注意到这个新的
成就，她一定会为自己感到骄傲的。

与同伴"大打出手"，马上制止后还需怎么做

如果孩子失控了，或者她真的伤害了另一个孩子，安全和
接纳是第一位的。首先制止他们的行为，有时候这意味着让两
个孩子分开，甚至短暂地隔离他们。然后制定界限："不可以
打人。"如果她没有停下来，那你需要立即介入将两个孩子拉
开："我是认真的，伤害其他人是不被允许的。"当她能够听进
去你说的这番话时，她也需要承担相应的后果：道歉，或者需
要独自玩耍，直到她能在和别人玩的时候不伤害对方。但失控
的孩子也需要你的理解。帮助孩子看见她做了多大努力来使自
己恢复控制，即使她失败了；并且让她知道，她可以以此为基
础继续努力："我知道你尽力了，也知道你感觉有多糟糕，也
许下一次你就知道自己该怎么做了。"

当一个孩子反复出现攻击性行为时，例如打人、咬人或

抓人，这可能意味着她需要帮助。你可以和她聊聊这些行为，聆听她对你的倾诉，这会让她知道你是想帮助她的，并且你也一直陪伴着她，无论发生什么（亦可参见第三章"打人、踢人和抓人"）。

出现攻击行为时

当4岁孩子在我的办公室里玩玩具枪（注意避免给孩子提供仿真玩具枪）时，父母们总是会很不安。男孩子们都被玩具枪无限吸引，而女孩子们则无视玩具枪的存在，更喜欢玩娃娃屋。我被男孩子们这样的投入深深吸引，所以会把玩具枪留着。父母会问："你认同枪支合法化吗？"我回答："不。"父母继续问："那你为什么允许自己的办公室里有玩具枪呢？你难道不觉得这会让孩子认为枪支与攻击是合理的吗？"

我会解释说，我并不认为大人可以阻止四五岁的孩子玩玩具枪。即使他们没有一把真的玩具枪，这个年纪的孩子（尤其是男孩）也会做一把出来，或者假想自己有一把枪。他们在电视上看到枪，他们渴望成为电视节目中的那些健壮男子，他们等不及把这些幻想通过游戏表达出来。4岁的孩子感觉自己还很小，并且知道他们有多么容易被制约，他们当然希望自己是健壮的。

如何管教孩子的攻击性行为

· 果断而一致地管教孩子并使其停止攻击行为。把孩子们分开，与彼此短暂隔离一会儿，有时候这是有必要的（有时候孩子甚至需要父母抱住）。

· 坚定陈述你的规则，即使孩子已经很清楚了："不可以打人。"稍后，确认她能够复述出这些规则，并且理解为什么这些规则是重要的。"我们要用希望别人对待我们的方式来对待对方"是一种方法，而"伤害他人是不对的"则是另一种方法。但首先，她需要让自己安静下来。

· 关注孩子的情绪状态，帮助她安静下来。如果她依旧被情绪所控制，她能意识到自己在经历什么样的情绪吗？她是否知道自己可以做些什么来使自己安静下来？你可能需要去提醒她这些事情。

· 她平静的时候，也是准备好学习的时间，是适合管教的时机。管教是一个教育的过程，可帮助她看到发生了什么，到底哪里出了问题，警示信号有哪些，这种情况在未来如何避免，她是否可以列出一些自己会留心的警示信号。帮助她看到自己的责任，告诉她你相信她可以实现自控，并且帮助她做到这一点。

·"就事论事"地决定孩子要为错误承担怎样的后果。道歉是一定要的，并且最好是发自内心的。孩子可能需要时间远离被她伤害的人，这样她才可以思考你们讨论过的处理冲突的其他方式。你甚至可以和她预先设想一些场景，并且了解她觉得有哪些方式可以处理这些状况，例如："如果她下次不让你玩那些玩具怎么办？你会怎么做呢？"

·原谅：接受孩子的道歉，也是在帮助她保有那部分"好"的自己。她同样需要知道你对她的进步充满信心。如果一个孩子相信别人都觉得她是"坏"的，她就会自己也开始相信这一点，然后她一定会照着"坏孩子"的方式去表现。

·寻找那些伤害人的行为背后的原因。

·如果你的孩子反复伤害他人或者对家里的宠物残

忍，没有同情心，无法交朋友和维持友情，大多数时候看起来愤怒且易激惹，或者充满暴力性行为，那么你需要和儿科医生交流一下，因为孩子有可能正经历抑郁，或者有某种形式的发育迟缓，或者因为某些创伤体验而一蹶不振，也可能需要见一见儿童心理学家或儿童精神科医生。

当一个4岁孩子大步迈进我的办公室，把他的拇指和食指比成一把枪的样子时，我从不对此感到惊讶。这仿佛是孩子想要告诉我："医生，你放心，我知道自己是能控制住自己的。这仿佛是一种重要的声明——并非关于枪支或暴力，而是关于感觉害怕和被保护需求的，毕竟医生的办公室会给孩子内心带来压力。

尽管如此，我们仍可以帮助这个年纪的孩子开始了解幻想和真实世界之间的区别。这个年纪的孩子并不能真的理解死亡意味着永恒这一现实。永恒对我们任何人而言都是难以理解的概念。4岁孩子更可能觉得死亡就是睡着了，并且死去的人早晚都会活过来的。但我们依旧可以引导他们去思考他们是不是真的想要伤害谁。我们也可以帮助小孩子了解更丰富多样的游戏，而不只是假装拿枪打来打去，或者一次又一次地假装打死对方。他们可以学着倾听彼此、与彼此分享，互相学习，互相安慰，公开谈论自己内心的愤怒感受，并且彼此理解，这一切的前提是他们能从和父母的关系中获得如何去做这些事情的灵感与示范（参见第三章“玩具枪及其他”）。

5 ~ 6岁——“花招儿”不断

更隐蔽的攻击——撒谎、拖延

5岁孩子会感觉自己像个“大女孩”，直到她真的开始认真思考此事。当她真的开始思考这件事情时，她会感觉自己还是如此幼小。“我怎么能更快地长大呢？”她如此希望自己能够快速长大。她也一定会尝试新的方式来体验自己长大了或更有力量了——也许有时候会开始撒谎，或者是通过一些更加诡异的方式来得到5岁的她想要的东西——拖延、抱怨、生闷气、噘嘴。

为什么现在会出现这些新的方式呢？大发雷霆是"小孩子"的专利，对5岁孩子而言，那样做太丢脸了。不像2岁或3岁的孩子那样需要不停地证明自己的独立性，这个年纪的孩子想要通过像爸爸妈妈那样活着，从而拥有长大的感觉。他们也会想要取悦父母。5岁孩子对他人的了解已经足以让他们知道自己的行为会如何影响周围的人。当他们知道自己犯错了或者做了一些令大人不高兴的事情时，他们更有能力停下来，这使他们发现了一些更加被动，有时也更有效的攻击形式。这些被动攻击的形式可以使他们得到自己想要的东西，同时又免于过度主张自己，或背负导致别人不安的责任。这是一个触点——孩子全新的觉察与灵活的策略会使得亲子关系出现各种波动。

拖延症怎么破

在一个上学的早晨，一个5岁孩子慢吞吞地拖着她的步伐去换衣服，刷牙，下楼吃早饭。这些都是她的计谋，当她的爸爸妈妈匆匆忙忙地为上班做准备时，她通过拖延来延缓因为上学而不得不与父母分离的现实。父母应该怎么做呢？首先，不要唠叨。相比完全不关注，孩子很可能会希望得到你的消极关注。

相应地，可以把早餐时间变成一个孩子享受和盼望的全家人共享时间。在前一晚，和她一起把衣服整理好；早上，让她了解自己还有多少时间，并且实事求是地给她提醒："还有5分钟……还有1分钟。"你甚至可以在她房间里放个计时器来帮助她自行控制时间。如果拖沓已经成为令人困扰的问题，那么你需要确保留出足够的额外时间。如果你对于让每个人及时做好准备这一点感到过度焦虑，则孩子更有可能以不合适的方式控制你。虽然听上去有些激进，但如果每天早上早起床15分钟可能会让所有人松口气，早餐和告别就不会成为一个紧张激烈的时刻。

孩子不断乞求怎么办

当孩子想得到一些东西时，乞求与发牢骚会成为有效的方式——如果父母对此让步的话。重复的刺耳要求会让父母缴械投降，尤其当他们自己感到疲劳、压力重重或者赶时间的时候。去菜场买东西是一个风险重重的时刻："为什么不能买那块糖？求你了就一块嘛，我保证下次再也不买了，你让我最后一次吃吃看，我到家就会刷牙的，我可以用自己的零花钱买。求求你了，就一块。"孩子会一遍又一遍地说。这样的坚持会令父母难以应付；而当父母恼火时，他们也会失去耐心。或者他们也可能开始想一些原因使自己的让步合理化："她累了，逛街很无聊，为什么这次不让步一下呢？"

切记千万不要这样，你会后悔的。因为那样做的话你是在教会孩子：通过乞求和发牢骚去得到她想要的东西是可接受且有效的。界限是重要的，你是孩子的父母，你可以彻底无视她的牢骚并离开菜市场。或者，你也可以平静而坚定地告诉她："你在发牢骚，记住，你不会通过发牢骚得到自己想要的东西的。"然后，坚持这一点。

下次，在你们去往卖场之前就设定好规则。"记得上次我们在菜市场时你求我给你买一块糖吗？我们不会在菜市场里买你想吃的糖的，我们只在那里买食物，无论你怎么发牢骚。如果你希望我给你买什么你想要的东西，牢骚和乞求都是没用的。你可以要求我们给你某样东西，但就一次而已，即使我拒绝了。"你要始终遵守这些原则，事实上你是在保护孩子以免她失望！（最好的做法是，永远不要在结账柜台临时买糖。每次这样做的时候，孩子就会对下一次心怀希望，并且如果你不那么做的话，她会更加失望，而后果就是——更多的牢骚！）

生闷气

当5岁孩子拒绝回应父母的要求且百无聊赖，生着闷气噘着嘴，父母会感到非常困扰。在父母眼里，孩子当下的安静使其看起来如此脆弱，而孩子会察觉到父母的担忧。当一个具有攻击性的孩子开始闷闷不乐时，这会令父母担心，他们会想："哪里出问题了吗？"这是一种有强大作用的策略。

当父母无视孩子生闷气与噘嘴的行为时，这些行为对孩子而言也就失去了意义。如果孩子持续保持沉默，父母也是有其他选择的，比如可以像平时一样做自己的事情，等待孩子最终对自己无意义的回避行为感到厌倦，并且积极加入到父母的活动中。这使得生闷气与噘嘴行为不会成为孩子凌驾于整个家庭之上的方法。但是，如果孩子没有办法通过其他方式表达自己，她可能会更多地选择回避。如果这些回避退缩似乎是其他一些原因造成的，那么父母可以试着放慢节奏，更安静一些，调整自己以匹配孩子的行为节奏，并且准备好倾听孩子的诉说。不管是哪种方式，对于孩子短暂的生闷气或噘嘴不要太过认真。相反，应鼓励孩子用更加直接的方式来告诉你她的感觉。

但一个安静、羞怯、敏感的孩子生闷气与噘嘴时，父母可能会更担心。他们会意识到她也许并没有其他方式来缓解压力。当她退回到自己安静疏远的状态时，你可以试着和她一起安静下来，你甚至可以用一种微妙的方式带着尊重的态度去模仿她的情绪和表现。当她开始有所回应时，你就可以开始帮助她了。当面临变化时，让她事先有所准备。当她面临新的情境时，比如新学校和新同学，和她待在一起。"我知道这对你而言可能很难。"尊重她那些试图掌控自己情绪的尝试。你是在通过这样的方式告诉她："我在这里可以帮助你，但是我也希望你自己能努力一下。"

在父母之间"拉帮结派"

"我讨厌妈妈！"5岁的孩子大喊，她的眼睛迸发出愤怒，身体僵硬，紧握拳头。妈妈要么会神色黯然，要么会像对仇人似地回敬她同样的话。不管她选择何种方式回应，她都是在掩盖自己的心痛："妈妈怎么能说那样的话？她是真的讨厌我吗？"下一周，如果孩子的胆子够大，她甚至会对爸爸说出相同的话。或者更有可能的是，当爸爸邀请她打球时，她会背对爸爸，然后走开。

这些强烈的负性情绪会令所有人都感到惊讶——无论是5岁的孩子还是父母。父亲望向母亲的眼神仿佛是在说："我们养出了一个小怪物。"父母们会思考自己究竟做错了什么。孩子也会脸红，对发脾气开始后悔，但不知道如何去修复这些。她的情绪以一种意料之外的方式浮现出来。

父母要做好心理准备，这个年纪的孩子会时不时排斥父母一方。妈妈可能会打电话给我抱怨自己的6岁女儿："她就像听不见我说话似的，仿佛我不存在。我让她做什么时，她就会走开。我要说她的话，她会对我说脏话。我感觉自己对她失控了，她根本不把我当回事儿。"当孩子对父母一方非常亲热，搂搂抱抱，有说有笑，这样的敌意就更令另一方父母痛苦了。然后，一两周之后，又一通电话打进来了：女儿开始排斥爸爸，而妈妈则重获欢心。

就像我们从更小的孩子身上所看到的，五六岁的孩子还在试探着父母的不同角色，试着了解彼此——一个个地轮流来。孩子会模仿他们的行为和语气。当她在模仿一方父母时，她会把这方父母推开，仿佛是在体验在其位置上的感觉。这是一种充满攻击性的行为，也会被内疚所吞没。当父母做好准备并且能理解这类行为时，他们就不会觉得这是针对自己的。

直接发泄情绪也是不错的选择

虽然这时大发雷霆的状况大大减少，但突然尖叫或者大喊大叫的情形可能会变得更频繁，而且通常是没有原因的。有时候，孩子似乎知道自己将要面对更大的责任与要求——例如幼升小，周围的人会期待她有更好的表现和自我控制能力。她是对即将到来的事情感到焦虑吗？还是在哀悼即将逝去的完全无忧无虑的童年？

在情绪爆发之后，每个人都会感觉疲劳与困惑。父母们会担心："如果现在就这么糟糕，等她到了青春期的时候会变成怎样呢？"和过去一样，界限依旧是必要的，而且使人放心。

我6岁的孙子正在撕心裂肺地吼叫，已经失控！他的妈妈走进来，试图停止他的尖叫。当她开始对着他大吼大叫企图让他停下来时，他突然恢复了平静，镇定地给妈妈建议："妈妈，如果你有任何想说的，当你可以让自己安静下来的时候，我们再讨论。"

当孩子经历混乱时，应尝试看到其背后的东西，并和她聊聊这些事情，看看她是否能告诉你其实她并不喜欢如此失控。她能够自己识别情绪的触发点和爆发前的信号，并加以预防吗？她是否能想起那些能帮助她安静下来的方式，这样她就能缩短爆发的时间？如果她能够并愿意接受你的帮助，告诉她下次情绪爆发时，请允许你提醒她这些事情。

当一个孩子对弟弟或妹妹爆发情绪时，请她坐下并且调整一下自己："给你一个沙袋会有用吗？你可以击打沙袋来发泄情绪。"或者也可以和她一起想想有没有其他发泄情绪的方式，例如一间可以用来尖叫的房间，绕着院子跑几圈，一个可以对着车库门反复踢的球（小心窗户）等。

当她发泄情绪的方法奏效时，称赞她，但也要让她知道有时候那些方法会不管用，但你们可以不断尝试新的方法。如果她开始为自己时不时的失控负责，她会更了解自己。其实，情绪波动和爆发对她造成的恐惧与对你造成的恐惧是一样多的。

试图离家出走时

孩子没法在所有时刻都取悦他人。这时她依旧需要尝试一些大胆的新行为来看看会发生什么。她必须试探父母，看看他们对她做的所有新的事情会如何反应。她会想："他们会让我停下来吗，还是不会？"如果他们阻止了她，她会松口气。但她依旧需要试探父母的底线。如果她真的很生气，或者需要确认父母是否真的在乎她，她可能会"离家出走"，带着她最心爱的泰迪熊或玩具。

我曾经"离家出走"到外婆家里。在外婆家里的时候，我曾幻想妈妈多么想念我。我很确定她并不知道我在哪里，这是对她的惩罚，我希望她明白这一点。

这时父母的温柔与坚定可以同时呈现出来："你真的觉得我们会允许你那么做吗？你真的觉得我们不会跟在你后面吗？

你知道我们有多爱你的！但你要知道这样做是不可以的，这太危险了。如果你真的对我们很生气，你可以选择做其他事情。"比如，可以给孩子一些橡皮泥让她拍打，或者让她画一幅与愤怒有关的画，或者让她编一个故事，里面都是一些刻薄的老妖怪，你也可以帮她把这个故事写下来。

取笑别的孩子时

一个5岁的孩子问另一个孩子："你还在吃手吗？"另一个毫不犹豫地回答："当然不啦，我已经不是小宝宝了。"尽管她其实还在吃手。如同她知道自己不能在公共场合吃手指，她也知道如果对于这个问题给出了错误的回答，那会让她在同龄人当中多么难堪（亦可参见第三章中的"霸凌与嘲弄"）。

5岁的孩子已经意识到差异性并公开评论它们。一开始，对于差异性的觉察会增加孩子的焦虑："她为什么和我不一样？我需要为此担心吗？""她年龄比我大，她比我强壮，她比我跑得快。"这些差异性都会令孩子感到不安。而讥讽和嘲讽则建立在这些不安的感受上。到5岁的时候，孩子意识到她可以利用差异性来伤害别人："你的皮肤是黑色的，你很胖。"另一个孩子会意识到这个孩子话语中的轻蔑并感觉畏缩。那个嘲讽别人的孩子会觉得自己很强大。但事实上，她可能会被嘲讽别人所产生的威力以及自己内心的攻击性所吓到。

当孩子嘲讽别人时，父母该怎样回应呢？在不伤害他人的前提下，寻找一些让她感觉更强壮、更骄傲、更有力量的方式；让她知道，要长大和变得强壮她需要承担更多责任，要理智地使用自己的力量，并且为那些更脆弱的人挺身而出；找一些故事和榜样，让孩子从中看到伸张正义或保护弱小过程中所展现出的力量与勇气。她会逐渐意识到，滥用自己的力量会导致"不公平"。

当一个嘲讽他人的孩子变得更加自信时，她可能更有能力去思考被嘲讽的孩子的感受。父母可以问："你有什么感觉？"如果她回答"我不在乎"，父母对此不用感觉震惊，她可能还没有强大到能够去面对这一点。父母也许可以一笔带过地说："有时候，也许太在乎了会让人痛苦。"

对一个小孩子而言，去思考另一个孩子的脆弱会令她不知所措，她也难以面对那些因为伤害其他孩子而需要背负的责任。作为父母，很容易对孩子嘲讽他人的行为进行过度教育，这样就会失去帮助她看见其行为后果的机会。也许你可以帮助两个孩子对彼此诉说出自己的感受。

开始"打小报告"了

当一个孩子把另一个孩子"做坏事"的状况报告给父母，一种两难的困境就产生了：父母可以处理告密者的担忧，但这样对孩子而言似乎会觉得告密是有回报的，未来更有可能会打小报告。或者，父母可以忽略这些抱怨，那么告密的孩子对于行为规则和后果开始变得困惑，或者更糟糕的是，她需要独自面对充满风险的状况。

其实考虑孩子打小报告的动机是有帮助的。孩子可能只是在维护她的权利与需求，并且无法通过自己的力量寻找到解决方案。如果的确是这样的话，打小报告就不是一种针对其他孩子的攻击。但是，如果告密者试图利用成年人的权威去打压其他孩子，那么要小心，她的目标可能是要报仇，或者试图用这种方式来支配别人——这是父母要远离这类告密的重要原因。

你需要向打小报告的孩子解释你不能选择站边，你欣赏她对于规则的关注，但要让她知道，她需要把那些担忧和其他孩子共同面对解决。对于孩子们如何解决他们之间的差异性，你可以提供一些方法。你甚至可以通过角色扮演的方式让他们开展对话。通过这些方式，你就把解决问题的任务重新交还给了打小报告的孩子。

她有了初步的"道德"意识

这个年龄的孩子道德感已经降临，并且需要被强化。现在，五六岁的孩子很清楚地知道自己会对他人情感造成影响，也能意识到当自己不受控制或残忍时对他人会造成伤害。这时应给孩子机会去谈论她的动机与情绪，使她能够更加了解自己。这个过程对于她学习控制自己的攻击性冲动是有必要的。

出现这些状况时家长需警惕

如果一个孩子总是受到嘲讽或霸凌的冲击，那么她是需要被保护的——不仅是为了她的安全，也是为了她的自尊。一旦她相信自己应该被欺凌，她会变得格外脆弱。为了她的健康成长，成年人需要对此进行干预，同时也是为了欺凌者的健康成长——他们通过攻击性行为呈现着他们的脆弱性（参见第三章"霸凌与嘲讽"）。

当一个孩子有问题时，其他孩子通常可以感觉到。如果他们避开一个孩子，通常都是有原因的。有时候，父母可能没有能力识别孩子的问题，因为他们已经适应了孩子的气质和行为方式，但其他孩子还是能识别的。如果其他孩子都避开同一个孩子，这种状况是需要父母认真对待的。

五六岁的时候，孩子在试探自己的力量或建立社交关系时可能会说大话。但很快，他们就会明白谁比谁更强壮，肢体冲突会变少。到了这个年纪，他们已经有足够的能力避免大的冲突。如果五六岁的孩子反复和周围的人打架，其实她是在让成年人知道她面临的一些问题。

如果一个孩子对其他孩子或动物故意实施侵犯性行为，这同样需要父母正视。如果一个孩子成天被暴力行为所占据，在别人受伤时无动于衷，或者当她伤害别人时毫无悔意，那么父母对此也需要特别关注一下。来自儿童心理学家或精神科医生的仔细评估可能可以帮助父母了解孩子的问题出在哪里，比如有限的社交技能、冲动控制的问题、与抑郁相伴的易激惹、暴力接触或者心理创伤。

第三章 在生活中帮助孩子
掌控愤怒与攻击

愤怒与攻击出现的地方正是孩子成长开始的地方。

应对孩子的愤怒与攻击

愤怒

愤怒就和恐惧一样，是对于威胁到我们生存的事物产生的一种情绪反应。愤怒提醒我们应对危险，并且迫使我们采取行动：为了恐惧和愤怒而战斗。试图彻底扼杀愤怒的尝试可能会使人误入歧途，并且注定失败。事实上，如果一个孩子无法经历和表达愤怒的话，他可能会被误解，失去他人的保护，甚至面临危险。他甚至可能会把愤怒指向自己。

当孩子长大后，他就需要控制自己的情绪，以察觉这些情绪背后的理由。他必须学会有效表达情绪反应，这样周围的人才能理解他并给出积极的回应。但是在大多数情况下，小孩子的愤怒会导致冲动行为，这样他就没有机会去了解自己为什么愤怒，以及可以对此做些什么。

孩子愤怒的原因

有些成年人认为愤怒是种丑陋的情绪，会不惜一切代价将

其扼杀。但愤怒是种无法避免的，也是有必要的情绪。愤怒会
被不同的因素所激发，但其存在对于孩子而言也是有意义的。
在决定如何最有效地帮助孩子处理愤怒之前，重要的是先了解
愤怒的起因。

危险与未被满足的需求

愤怒最普遍的原因是对于生存或幸福的威胁，这类威胁包
括疼痛、饥饿和恐惧，以及对于陷入危险和孤独的预期。这些
威胁在生命早期都是无法避免的。例如，当婴儿开始尖叫的时
候，父母们会陷入崩溃："又怎么了？我喂过他也换过尿布了，
我还能做什么呢？"父母会不断思考，站在婴儿旁边，搓着双
手。婴儿抬头望着父母，他的哭声从抗议升级到了愤怒，发出
尖利刺耳的哭声，仿佛是在说："你为什么不做些什么呢？"

另外，还有一种最早期的愤怒，其源于未被满足的需
求，这一点在整个童年期都会出现。5岁孩子的耳朵发生感
染时，他对着爸爸和医生大叫啜泣："我的耳朵好疼，而你
们什么也做不了！"他的爸爸和孩子一样无助，听闻这些同
样感到崩溃。

失败

当孩子长大一些，造成愤怒的其他原因就出现了，其中之一就是失败，即无法完成他想要做成的事情。当一个婴儿无法拿到他想拿的东西时，他就是在经历失败。失败不仅仅是他拿不到他想要的东西，沮丧感更是因为他无法"自己"拿到那些东西。

羞耻与耻辱

羞耻与耻辱经常与失败相生相随，而这也经常使孩子恼羞成怒。这种体验源自孩子了解周围人对他的期待是怎样的，并且能够衡量自己的表现是否符合他人标准。通常，3岁之前的孩子是无法把自己的表现和他人的标准去做比较的。

当一个4岁孩子无法把圆形和方形在规定时间内快速完成分类时，他会默默地把头埋进手心里。他对于自己没有通过测试而感到羞愧难当，但他的羞耻感很快变成了指向测试者的愤怒。他跑出房间并且拒绝更多的测试。你可以为此批评他吗？

受伤的感觉

愤怒不仅是被对于生存的威胁所触发，对于情感幸福的威胁同样会引发愤怒。一开始，当孩子用愤怒去回应那些威胁时，他似乎还没能清晰意识到情感受到攻击的可能性。例如，当父母离开房间时，学步儿可能会大发雷霆，他的抗议仿佛是在表达："不要离开我！"但他还不能向自己或者他人解释的是："我觉得很孤单。"

但到了3岁的时候，一些孩子对于情感威胁的体验已经足够清晰，并且知道有些人正在"伤害"他们的"感情"。对于这么小的孩子来说，会伤害他们的哪些情感呢？现在他们希望自己是有能力的（"我很擅长用马桶了"）、被接纳的，以及有归属感的（"她想我可以和她一起玩"）。孩子们对此坚信不疑，一旦被攻击就会变得非常脆弱。一些伤害孩子感受的小事情也会损伤其自尊，例如当孩子尿床了或者没能约到朋友一起玩耍，她都会觉得"我什么都不好""没有人喜欢我"。为了防止孩子把愤怒指向自己，他可能需要成年人的帮助来调整预期："没关系的，每个人都有意外的时候。"

不公平

到了四五岁的时候，导致愤怒的一种新诱因出现了。在这个年纪，孩子已经开始纠结"对"与"错"的概念。现在，最强壮霸道的孩子已经无法再逼迫周围的孩子以他想要的方式行事，而相应地，公平开始变得重要。当这个年龄的孩子在实现目标的过程中遭遇挫败，或者感到难过委屈时，他一定会大喊着说："这不公平。"

4岁的孩子为了达到自己的目的，他一定会抗议一些事情是不公平。这依旧是帮助他思考"公平"到底是什么的良好契机。"也许让妹妹先出发并赢得游戏并不公平。但如果不那么做的话，你知道自己因为比她大所以肯定会赢得比赛的。你觉得这样公平吗？"

稍后，你会对孩子已经有能力争取公平而感到欣慰。愤怒并不是只有当个人自身利益受到威胁时才会爆发出来，恰恰相反的是，当他人因为不公而饱受折磨时，愤怒也是人类面对这些事情的共同情感。世界需要更多的成年人关注公平并有能力为之呐喊。通过认真思考和规划，愤怒也不需要被付诸粗暴冲动的行为。

愤怒背后一些更严重的原因

　　如果一个孩子大部分时候看起来都很愤怒，或者他所表现出的愤怒相对于原因来说小题大做，或者其愤怒已经干扰了他的家庭生活、人际交往与学校活动，那么愤怒可能是一种症状，预示着更严重的潜在问题。例如，当一个孩子抑郁时，其愤怒看起来会比悲伤更强烈；他可能一天大部分时间都非常易激惹，那些过去对他而言有趣的活动都已经无法乐在其中了。有些发展障碍会使孩子无法好好学习或与他人交朋友——例如，注意力缺陷多动障碍（ADHD），或者学习障碍——很可能会导致他积累诸多愤怒并且一触即发。当一个家庭中有强烈而长期的愤怒，例如婚姻破裂或家庭暴力，孩子可能会更频繁地表达愤怒，并且像个炸药桶似的一点即炸。

　　父母对孩子愤怒所做出的反应也是另一种警示信号，提醒父母需要得到专业人士的帮助。如果你发现自己总是如履薄冰，不惜一切代价避免和孩子发生冲突，或者更糟糕的是选择回避孩子，这时就应该和儿科医生好好谈一谈了（也许包括心理健康专家）。

愤怒如果没有得到恰当处理

当愤怒没有实现最初的目的，通常会出现以下五种可能的后果。

1. 愤怒一次次上演，而且越来越激烈，直到孩子得到了他想要的东西。

2. 愤怒不断累积，直到他不受控制地发泄掉，并且其爆发的程度比起导火索太过小题大做。

3. 痛苦会不断累积，然而只关注愤怒的起因已经远远不够了。相反，孩子会开始把复仇当作目标。例如，那些痛苦所致的愤怒如果太长时间得不到处理，孩子就会有冲动去伤害那个看起来要为痛苦负责的人，或者那些没有给予回应的人。"以牙还牙"的目的可能会被或多或少地掩盖，而掩盖的程度取决于孩子的年龄及成熟程度。当孩子试图隐藏此类诉求时，他也是在很努力地做到这一点，当然这需要他足够聪明并且有控制自己愤怒的潜在意愿。当一个孩子害怕自己的直接攻击造成的可怕后果时，通过被动攻击进行的反击就更可能会出现。

4. 愤怒会转变为恨意。然后，反击就更有可能以嗷嘴、生闷气、退缩的形式呈现出来，并且直接指向孩子认为需对此问题负责的那个人。

5. 由于害怕惹怒他人，愤怒的感觉就会朝向自己，导致自我毁灭的行为。

所有这些可能性很容易使人明白为什么扼杀愤怒是不合理的解决方式，以及为什么帮助孩子了解愤怒情绪并且有效表达它们如此重要。

帮助孩子平息愤怒

建立安全感

不管原因是什么，如果怒火还在爆发，安全是需要被考虑的第一要素。每个人都需要确定自己是安全的，或者会得到帮助来实现这一点。制止孩子的暴力行为，果断介入："现在就停下来，或者我会让你们停下来的。"让他们看到你对此是认真的，而且把冲突中的孩子分开是管用的。独处使他们有机会安静下来恢复自控。当他们安静下来以后，给每个孩子一个拥抱。在他们开始听你讲规则之前，他们需要确认自己依旧是被爱的。

设定限制

设定清晰的规则使得每个人都确认了一点，即你不会允许任何人被伤害。这很重要，因为如果孩子想要学习控制自己的愤怒，他们需要无惧愤怒并敢于面对愤怒。例如，父母可能需要说："你有多生气不重要，重要的是你不能伤害到别人，不管有什么原因。"

安抚与自我安抚

孩子发怒时，需要让他自己安静下来，但他需要你的帮助才能做到这一点。这是隔离冷静法发挥作用的时候。但是不要把隔离冷静法当作一种惩罚，如果你那么做的话，孩子只会重新爆发（这也是为什么有时候隔离冷静法失效的原因）。相应地，隔离冷静法可以给孩子提供一段安静的时间让自己慢慢恢复平静。让孩子深呼吸，喝一点水，将温热的湿毛巾敷在孩子脸上，给她一个拥抱。愤怒会导致孩子的注意力受损，使其无法在愤怒时寻找到好的解决方案。一旦孩子自己安静下来，他就能更清楚地知道什么事情让他感到困扰，以及他可以为此做些什么。

帮助孩子平息愤怒的方式

· 制止其行为，让孩子自己待一会儿——离开当下的场景：有时候离开愤怒的源头是至关重要的第一步。当孩子说"不要跟我说话"或"走开"或"让我自己待一会儿"的时候，他可能是在努力使自己离开那些令他愤怒的任何东西，这样他可以使自己恢复控制。

· 安抚——努力让孩子平静下来：例如，轻柔的声音、轻摇、摇篮曲、拥抱。但父母的安抚同样需要选择好时机。当孩子正在大发雷霆时，需要自己待一会儿，那一刻他是无法接近的，只有当这些结束时他才需要和回应父母的拥抱。

· 自我安抚——孩子努力安抚自己：例如，吮吸拇指、蜷曲身体、自言自语或唱歌。

· 转移或分散注意力：例如，想一些开心的事情，注意一些有趣的东西，被有意思的活动所吸引。

· 肢体活动：例如，击打沙袋或枕头、拍球、跑步或骑车，甚至只是洗个澡或喝杯水。

· 创造性表达：揉捏一个橡皮泥球，或者用蜡笔涂画纸张，胡乱涂鸦，画生气的怪兽或者给他们编故事，把积木搭出高高的楼然后推倒，用布偶和娃娃去呈现愤怒的场景等。

· "把感觉说出来"——和能够理解状况的人聊天可以缓解愤怒。有时候大喊一通也是有用的，但有时候则没用。

· 新的视角：当孩子能够讲话时，可帮助他识别愤怒背后的情绪。

承认孩子愤怒的感受

有时候，寥寥几句话就表明你确实了解了孩子愤怒的起因，即使你无法接受他的攻击性行为。这可以帮助孩子安静下来。例如，你可以说："当朋友拿走你的玩具时，你当然会生气的。我并不会因为你对她生气而批评你，但打人并不是让她知道你很生气的方式。"

一开始，孩子可能并不想说话。当孩子最终开始谈论令他感到不安的是什么时，父母不要用咄咄逼人的方式去回应孩子。首先，重要的是这件事情对他而言意味着什么，父母千万不要一开始就试图将其重要性最小化："你的老师当然不会觉得你笨！"其实让孩子从不同角度看待这些事情是后面的事，眼前首先要询问孩子发生了什么最糟糕的事情，什么让他最生气，或者什么令他最害怕。如果因为旁人不了解、不注意或不在乎而令孩子发火，那么向贴心的父母诉说这些事情本身就是孩子所需要的，并且可以使愤怒随风而去。再到后来，幽默其实也是管用的。

解决愤怒问题

他可能需要你的帮助来识别愤怒的原因。当你说到点子上的时候，他的脸上会流露出轻松的神态。一旦他知道是什么让他如此愤怒，你可以帮助他试试如下两种方法。

1. 孩子可以试着影响他人使其做出改变，用不同的方式做出回应，或者让他人同意去尝试。
2. 用不同的方式去适应和回应他人。

通常，最终的解决方案是以上两种方法的折中。

例如，当一个孩子感到饥饿时，他需要抗议，直到有人给他吃饱为止。而在另一方面，当孩子想要糖果的时候，他可能需要学会去处理自己的失望。当一个孩子经受痛苦时，他需要让周围人了解这些痛苦，直到大家尽力帮助他去缓解那些痛苦。但如果这些痛苦无法被彻底解除，他就需要与这些痛苦共处，也许是通过转移注意力的方式，也许是让他人来帮助自己转移注意力的方式。

如果孩子愤怒是因为一些没有纠正的错事，或者未加以防范的危险所致，那么父母可以先了解一下孩子觉得应该怎么做。当然，孩子一开始的建议可能是荒谬可笑的。如果一个孩子被另一个孩子踢了，他可能会在一开始的时候建议让那个孩子永远滚出幼儿园，或者就如一个4岁孩子所说："杀死他，让他永远不要回来。"父母可以在这时回答："那样的话，你再也不用担心他会烦到你了，是吗？"

孩子拼命点头后，父母可以接着问："你觉得有没有其他方法能让你感觉好一些？"如果他不回答，你可以试着提出一些建议（例如，可以就这些建议和他的老师或另一个孩子聊聊，为下次应该怎么做提前制订计划），或者甚至说："你要知道，我们必须得想想其他办法，因为我们不能真的把他踢出去或杀了他。"

吸取教训

那些在成长过程中觉得周围的人都必须满足其要求的孩子是难以适应这个世界的。另外，那些觉得自己必须要放弃并且从不敢争取些什么的孩子也好不到哪里去。帮助愤怒的孩子学习解决问题，是教会他适应那些自己必须要接受的，并且对抗那些自己无法接受的。

父母何时介入

是否有些时候孩子可以通过自己来解决那些内心冲突呢？与其忙着把孩子从愤怒的情绪和后果中解救出来，不如给他们一个机会使其从经验中学习他们可以做到什么程度以及何时越界了，但前提是他们自己或别人不会受到严重伤害。如果父母们知道在不同发展阶段可以预期孩子怎样的表现，就更能清楚地知道自己何时需要后退一步，以及何时需要干预（我们在第二章中描述了这些发展阶段）。例如，当两个2岁的孩子为了一个玩具争抢时，他们一定会拉扯和击打彼此，直到更有意志力的那一方胜出。他们可以从中学到什么呢？一个孩子必须要面对失败的尝试，另一个孩子则了解到他并不会因为自己达成目标而狂喜，因为现在他的朋友抛弃了他，他只能独自玩耍了。当然也有可能，他在这个年纪还不在乎这些。

如果这样的场景一次次上演，同一个孩子总是如此霸道，他就没有机会从中学到什么，这时父母需要干预。这样的场景成为契机，让孩子开始学习和他人分享，和他人轮流玩玩具等，学习与挫折共处，并且开始意识到他人的意愿。当然孩子还无法立刻学会这些，但现在开始还为时不晚。

还有一种需要介入的状况是，孩子被愤怒彻底淹没，既无法思考，又无法有效表达愤怒。这时他一定会持续攻击周围的人，并且周围的人开始对他感到愤怒，而周围这些人的反应会干扰他，使其无法弄清楚究竟是什么令他如此不安。短暂的隔离可以让他安静下来，即使在失控时也能让他保有尊严。不然的话，那种失控的尴尬会成为新的愤怒来源，并堆积在原有的愤怒之上。

引导孩子把愤怒"说出来"

每天，在全美的幼儿园里，每个即将崩溃的三四岁孩子都会听到这句"圣旨"——"说出来"。对有些成年人来说，这是实现"情感表达"的核心任务——帮助孩子识别并表达情绪，而不是选择肢体攻击的方式。另一些人则会觉得小孩子是无法做到这一点的，或者只是碍于所处文化中的压力而这么做。对于这个年龄段的孩子而言，"说出来"到底意味着什么呢？也许在他们的体验中，这是一连串复杂步骤的简单表达。

对于那些努力理解"说出来"是什么意思的孩子，他们需要将这一系列的行为拆分成一连串更简单的任务。

1. 孩子必须在冲突中停下来，并且控制自己不采取进一步的行动。

2. 他必须要分析当下的情境："发生什么了？""我在做什么或者我想要干吗？"

3. 他必须问自己："我想要什么？我的感受是什么？"

4. 然后他要表达出自己的感受。

5. 他必须变得足够平静，以使得自己能够倾听他人的话。

6. 最后，他必须准备好去谈判并寻找到解决方案。

对于3岁以下的孩子而言，他们还在努力练习用语言表达自己的技能，举例或者列出一些可能性也是有必要的。他们还没有准备好去掌握这整个流程，但通过这些方式，能让他开始逐步学习。下面的问题都可以用来提问愤怒的孩子，让他好好想一想。

当一个孩子愤怒时，可以问他这些问题：

1. 发生了什么事？

—你对谁感到生气吗？

—你觉得和他人分享或者轮流等候是困难的吗？

—你是不是不想做一些事情？

2. 你有什么感受？

—不公平？

—悲伤？

—仿佛你要爆炸似的？

3. 你可以怎么做？

——如果你打了或者踢了你的朋友，她会有何感受？

——如果你告诉她你想要什么，她会给你吗？

——如果她不给你的话，你会主动提出分享，或者用一些她想要的东西做交换吗？

愤怒无需预防，只需避免"破坏性"的表达

愤怒无法总是被预防，而且也无需那么做。就如我们已经看到的，这是一种不可避免的情绪，甚至是一种保护我们的情绪。有时候，人们会认为愤怒是一种危险的情绪，并且会不惜一切代价去压抑它，这会使孩子更加害怕这种情绪，并且在感到愤怒时陷入孤独的境地。他们会觉得愤怒使他们成为了"坏孩子"，并且这可能导致他们更难以处理这些感受。

愤怒无需预防，但我们可以避免用破坏性的方式来处理愤怒。对于孩子来讲，需要有人帮助他去了解愤怒情绪，也需要学着接受这些情绪不能被付诸行动。同样，他们需要旁人的帮助来学会在经历这些情感时不要伤害他人或自己。孩子们会通

过观察他人如何处理强烈情感来进行学习。

孩子在场时父母的愤怒如何处理

父母意识到自己何时是愤怒的，解释其背后的原因，并且示范如何以非破坏性的方式来表达愤怒，这并不容易。我们当然不想隐藏自己的情绪，但会希望孩子们不会注意到这些。他们对此不会视而不见的。相反，即使我们不做任何解释，孩子也一定会感觉自己被父母的愤怒所影响，甚至会觉得自己需要对这些情绪负责。

当孩子令我们生气时，我们需要让他们知道——越直接越好。当然，有时候孩子会令我们暴怒，但恰恰是那些时候，我们会努力保持沉默，以免我们的怒火殃及孩子。在发现如何让孩子知道我们的感受及其原因之前，我们的确需要平息一下愤怒。

当父母以愤怒回应孩子的时候，他们可能会感到内疚。但孩子也需要了解其行为造成的后果。如果我们没有提高嗓门，而是继续用平时悦耳的声调对他们说话，他们很可能会继续糟糕的行为——为了看看父母"真的"生气时会是怎样的。相比不坦诚和沉默回避，孩子并不太会被大嗓门所伤害到。而且要让他们知道你为什么生气以及界限是什么。

父母们有时候会告诉我："当我对孩子大吼大叫时会感觉很内疚，我无法想象你也会对着孩子大吼大叫。"我必须让他们知道其实我也会这样做，并进一步解释说，孩子其实知道当他做一些令人生气的事情时，他会得到他人愤怒的回应。当他激怒我时，我的声音听起来的确是被激怒了——因为我真的生气了。但他也会意识到我的愤怒或烦躁并不是世界末日，我早晚会让自己重新平静下来的。

咬人

"咬人者""被咬者"父母都不大好过

"咬人者"的父母手脚慌乱，不知道怎么办。"当我不得不上班的时候，可以把孩子放在哪里呢？""只有18个月大就要被赶出学校，我该怎么办？接下来会发生什么？"而被咬孩子的父母也很慌张，破损的皮肤，青紫的印记，这些都令人难以承受。"那个孩子怎么能那样做？老师怎么能允许那样的事情发生？他们那时在干嘛？"如今，老师也担心咬人会传播疾病。难怪当有孩子咬人时，每个人都六神无主（尽管有些时候被咬破的伤口会发生感染，有时需要抗生素治疗，但好在艾滋病病毒并不会因为咬人而传播。因为这种病毒很少会出现在唾液中，而且即使唾液中真的存在，其数量也不足以导致感染）。

但大家的担忧背后还有另一些原因。对于成年人而言，咬人行为之所以恐怖是因为它如此低级，仿佛只有动物才会这样做。当很小的孩子行为如动物似的野蛮时，父母本能地认为他们有责任"驯化"他。父母们对于孩子无法预测的、危险的、难以控制的行为最为担忧。

小孩子咬人是发展中经常会出现的状况，并且大部分情况下并不危险。父母并不能控制孩子这些行为的发生。如果父母没有过度反应的话，咬人现象通常会在孩子2岁或2岁半之前自己消失。通常来说，咬人会出现在孩子出生后的第一年，通常是在第一颗牙长出不久之后。尽管成年人经常把咬人和愤怒联系在一起，但孩子第一次咬人时，通常是为了探索身体的这个新部位能做些什么，或者是用来表达喜爱的一种方式。而对于母乳喂养的宝宝来说，他咬人的第一次机会是显而易见的。

咬人有时只是一种"沟通方式"

因为咬人很疼，并且婴儿还不能立刻理解另一个人的情绪，所以他不得不通过反复咬人来了解被咬大人的震惊与尖叫到底是怎么回事。很快，这成为了一种沟通方式。难怪很多孩子开始咬人的时候只长了一些牙，但还不会讲话！我有一位同事说，对于1岁孩子而言，"咬"可能是"亲吻"的另一种方式。

即使再长大一些，在18个月或24个月大时，咬人看上去也不是事先计划好的。当一个孩子兴奋或不安到无法用别的方式表达自己时，咬人状况就会发生。观察一下这个年纪的孩子在咬别的孩子时发生了什么，咬人者似乎完全没有预见到他得到的回应。相反，他脸上首先出现的表情是震惊。这个年龄段的孩子咬人更像是一种冲动——仿佛是要迅速释放突然涌现的令人不知所措的感受，而不是带有敌意或预谋的行为。

咬人这种"沟通方式"应该被容忍吗

按照上面所说的是否意味着我们要容忍孩子的咬人行为呢? 当然不是。但当我们了解了小孩子为何咬人时,就可以避免过度反应。通常,当成年人出现过于激烈的反应时,孩子就不再是轻轻咬一下了,也许会变成习惯性的咬人,这反而使孩子更加兴奋。尽管并非故意,但成年人会把孩子偶发的失控型咬人升级为影响周围世界的有力方式。最糟糕的是,过度反应使得咬人者相信他真的只能咬人,他要承受误解和拒绝:没有人会想要和咬人者玩耍。在感觉孤独的时候,他既没有和同伴的互动,也得不到大人的关注,唯一能够恢复与人交往的方式就是寻找到另一个受害者并咬下去。当周围人都觉得一个孩子会咬人、打人或抓人的时候,他很快就会把自己看成"坏孩子"。如果周围的人都对他没有信心,他又如何能够寻找到更好的沟通方式呢?

咬人事件处理六步法

当一个孩子咬了另一个孩子时,双方都需要被安抚。被咬的孩子当然需要被安抚,并且有人关注他的伤势。周围的人也会鼓励他保护自己，并且在合适的时机，坚持要求对方道歉。

也许令人惊讶的是，咬人者也需要被安抚。他会被自己失控的攻击性所吓到，一旦他得到别人的安抚，他更愿意听到这一行为的界限与后果："不可以咬人，永远都不可以。直到你说对不起之前，你需要自己一个人玩，并且确保自己是受控制的。"但是父母说这些的时候需要保持平静，咬人者是失控的，但他需要知道你没有失控。

我曾经做了一张列表，上面都是2岁左右经常咬人的孩子，妈妈们可以带着他们一起玩耍。在这些玩耍中，一个孩子会因为过度兴奋而咬另一个孩子，而另一个孩子则会咬回来，双方都发出了尖叫。泪眼迷蒙间，他们都会困惑地看着彼此，仿佛在说："你为什么那么做？你把我弄痛了！"然后他们再也不会咬对方了。他们似乎会把咬对方的行为和自己的疼痛感联系到一起："我咬人了吗？但我并不是故意的。"

学习面对错误

咬人者一旦平静下来，就有机会去思考自己究竟做了什么，特别是在周围成年人没有过度反应的前提下。如果咬人者看起来并没有很内疚，他也可能是被内疚搞得不知所措，并且努力不去感觉或表现出内疚。相比大声的威胁或让他满心内疚，当他确信自己会被原谅，且会学会更好的沟通方式，就越有可能帮助他对自己的行为负责。威胁或指责反而会使他脱口而出："我没有那么做！"如果他无法面对自己所做的事情，他与行为改变可谓渐行渐远了。

父母或老师可能会说："我知道你对于伤害了自己的朋友感觉很不好受，我也知道你希望自己可以收回那些行为，但这是不可能的。但是你可以道歉，并且寻求谅解。你知道你会努力试着不再咬人，我们都知道你会的，没有人喜欢用那样的方式去伤害别人。"这些期待虽然会让咬人者感受到压力，但也给了他对于未来的希望。

学着理解他人的情绪——共情

在孩子还不能完全理解自己为什么做错事之前，他可能需要周围的人帮助他去想象另一个孩子的感受。你也许可以说："看她有多伤心呀，你知道为什么吗？"孩子可能会伤心地摇摇头，"我想你也许是知道的，当你咬她的时候这会让她很疼，

并且也会吓到她。"短暂停顿后，你也许可以补充说："我知道
她很喜欢你，并且她想要和你交朋友。她对于你伤害她感到非
常意外，也许你也是。"

道歉

当咬人者承认对于自己所做的事情感觉很糟糕时，他就准
备好了要去道歉。那些只会说一些单词的孩子，可能只能用大
大的、忧伤的眼神望着你，仿佛希望你可以代替他道歉。即使
年龄再大一些的孩子也不容易跟别人道歉，有些还会拒绝承认
自己所做的事情，或者坚持那是另一个孩子的错。而有一些孩
子则会以无所谓的态度承认自己做过的事情，但执拗地拒绝按
照周围人的要求道歉，仿佛是在努力保护自己脆弱的信念——
"我是个好孩子"。

对于这样的孩子，当他们确认自己不是"坏孩子"时，这
可能有助于他们开口道歉，即使他们做的事情的确令人难以
接受。但他们可能依旧会硬撑到更多的压力出现，例如："其
他人去外面玩的时候你必须待在这里，直到你可以道歉为止。"
如此令人痛苦的道歉失去了其大部分意义，但从清晰表达你的
期望的角度，这样的表达又是有意义的。

原谅

在经过安抚、明确界限和后果及道歉之后，原谅就会发生。原谅让孩子相信自己有希望不再咬人，恢复自控，寻找到更好的沟通方式，并且学会和朋友相处。如果要实现这些目的，孩子需要能感受到希望。

反思与预防

在咬人事件发生后，和孩子聊一聊到底哪里出了问题。鼓励他察觉那些警示自己将要咬人的信号。父母可能会问："当你自己快要咬人的时候，会有所感觉吗？"年龄很小的孩子对此不一定会有答案，但这样的问题至少会让他去思考和反思。当你询问："是不是生气的时候？兴奋的时候？还是得不到你想要的东西的时候？"，他开始对这些事情产生兴趣。然后，孩子就能够了解到咬人并不会帮助他实现任何目的。最后，父母可以给他建议一些不会伤害他人和自己的行为，比如去咬一些安全的东西，使用言语，四处跑动一下，或者向成年人求助。

但别指望这样的教育过程会让咬人行为永远消失。当下一次咬人行为发生时，父母需要重申这些原则，并且在此基础上帮助孩子成长。不用担心，到了幼儿园大班之后，咬人行为就很少见了。较小的孩子会对此感到震惊与恐惧，但大一点点的孩子都会鄙夷地说："只有小宝宝才会那么做！"不管孩子曾经从咬人中得到了怎样的驱动力，现在这部分已经消失了——至少对那些已经能察觉他人情绪的孩子已经不管用了。

如果孩子到了三四岁的时候还在持续咬人，那么他可能存在一些更严重的潜在问题。例如，一些干扰沟通、理解社交规则和冲动控制的发展障碍。当一个孩子无法被同龄伙伴所接纳，并且不知道如何以他们能接受的方式交往，周围的人就需要对此进行格外关注。也许儿童心理学家或儿童精神科医生可以帮助他发现潜在的问题，使他重新恢复对于行为的控制。

霸凌与嘲弄

"棍子和石头会打断我的骨头，但绰号永远不会伤害我。"

这句简单的童谣是真的吗？也许并非如此。我们让孩子对着欺负他的人那么说，是为了消灭对方的气焰，想要保护被嘲弄的孩子。我们想要帮助他们相信刻薄的话语并不会起什么作用，但事实并非如此。霸凌使孩子面临威胁和肢体冲突，而嘲弄可以撕碎一个孩子的自尊，特别是当嘲弄者知道如何刺激一个孩子最脆弱的部分的时候。

霸凌与嘲弄都会对孩子造成伤害。如果问起任何一个有相关经历的成年人，他们都会在痛苦中回忆起童年被小伙伴们伤害的不堪与冲击。通常，最经常被记起的嘲弄往往和家庭有关，或者和一个孩子最努力去掩盖的缺陷（无论是否真的存在）有关。而最容易被回忆起来的打斗通常是最令人感到耻辱的那些。

通常，孩子会嘲弄他人"像个小宝宝似的"，这通常是指对方表现出一系列会让人联想到小孩子的状态或行为，例如吃手或尿床。我依旧记得校车后排的孩子如何嘲弄我朋友的妹妹："朱迪，朱迪，在尿布上大便的朱迪。"没有人希望他人知道自己带着脏尿片。我的朋友非常痛苦，他一方面想要保护妹妹，另一方面又想假装自己不认识她。他的妹妹后来可怜兮兮地被嘲弄了很多年，而朋友也从未从内疚的情绪中走出来，而她的妹妹在成年以后则依旧满怀愤怒。嘲弄会让人付出代价。

孩子们如此希望自己长大，希望小孩子的行为可以被那些看上去更像是大人的行为所替代。当一个孩子还无法掩饰自己对于父母的思念和需求时，他就会成为四五岁或更大年龄孩子嘲弄的目标，而那些看上去软弱或无法保护自己的孩子亦然。其他孩子幼稚的行为可能会勾起嘲弄者这样的念头：似乎自己和对方都还没能如自己向往的那般长大。特别是霸凌，它经常会发生在看上去不那么成熟的孩子身上，仿佛是为了使施加暴力的那些孩子确认自己足够"大而强壮"了。

当孩子嘲弄别人时

通常嘲弄开始于四五岁的时候，孩子在这个年龄段刚开始意识到与周围人的差异。一开始，差异是有趣的，但也令人费解。为了认识自己与他人的差异，这个年纪的孩子会使用他们正处于发展中的能力来把人归类：更大的，更小的；更软弱的，更强壮的；更美的，更丑的；更好的，更差的。

在早期，孩子会思考为什么人与人之间有差异，以及差异是否能被接受。嘲弄刚开始的时候被孩子用来表达这些有关差异的思考，以及他们是如何努力理解差异的意义的。在这个年龄阶段，可以这样安慰孩子："每个孩子都会面对冷嘲热讽，当有人嘲弄你的时候，他们看上去肯定是刻薄的。但在另一方面，他们对你有兴趣，他们正试图来了解你，他们甚至是试着如何可以和你成为朋友。"

孩子们注意到的第一个差异是性别，因此不出意外的话，嘲弄通常会与性别差异联系在一起。男孩嘲弄女孩，女孩嘲弄男孩，男孩同样会嘲弄具有女孩特质的男孩，女孩也会嘲弄那些像假小子的女孩。在这些嘲弄背后有一个共同的问题："我成为现在的样子OK吗？我可以既接受自己现在的样子，同时又喜欢她那种样子吗？"

孩子是如何学会把判断加之于差异之上的呢？在四五岁的时候，他们也正在学习什么是对与错，什么是好与坏。当他们学着分类的时候，他们一定会感觉周遭一切事物都必须被归类于其中。他们也会听到周围成年人围绕着差异所做出的判断。"大的"是"好的"，并且比"小的"要好，因为成年人表扬孩子时都会说"长大了"；"强壮的"是"好的"，并且也因为同样的理由觉得"强壮的"比"软弱的"要好。

在四五岁的时候，孩子开始注意到彼此之间肤色的差异。但如果不是因为成年人的偏见，孩子一般并不会把不同的肤色、面部特征或头发质地视为好的或坏的。孩子们会从周围的成年人身上学到偏见。

假装我们每个人都是一样的并不会奏效。我们生来并不相同，而这个年龄段的孩子刚刚开始意识到这些。他们是否能理解尽管我们不尽相同，但我们可以是平等的。相比于告诉他们应该怎么想，可以鼓励他们认真思考自己的假设："好吧，所以她的眼珠和你的是不一样的，他的肤色和你的是不一样的，你觉得这意味着什么呢？"这样孩子就有机会去思考这个问题。然后，你也许会问："你怎么知道谁是朋友？是因为他们看起来是什么样子吗？还是因为他们的行为呢？或是因为他们外在的还是内在的一些东西呢？"我们也需要仔细思考我们自己内心的一些假设。孩子（和成年人）可能会发现，周围的人并不一定如我们所想的那样不同或相同。

需要父母介入的情况

无论我们是否接受这一点，很少有人在童年里没有经历过嘲弄或被嘲弄。当这些行为是双向的，也就是说孩子们之间的嘲弄是有来有去的，那么这个过程就不一定具有破坏性。但如果嘲弄是接连不断的，其中有一个孩子一直是受害者而其他孩子一直是进攻者，那么就需要及时介入。当孩子们嘲弄残障人士，或因为种族、民族、信仰和文化差异而嘲弄他人时，成年人也必须要干预。禁止此类嘲弄只是第一步，第二步则是帮助孩子理解被嘲弄是什么感觉，以及为何差异的存在会令他们不安。然后，他们就可以开始对差异持开放态度，并开始享受差异的存在。

如何帮助被霸凌或被嘲弄的孩子

我们该如何帮助一个被霸凌或被嘲弄的孩子呢？首先，其安全必须得到保障。父母需要评估孩子是否面临危险，他们可能必须要陪着他去学校，并且在诸如游乐场之类霸凌容易发生的地方多陪在他身边。他们可能也需要和老师或其他家长就此情况进行讨论。

当孩子最关键的安全问题解决了，父母可以和受害的孩子分享他的感受："当有人非常刻薄的时候，这种感觉太糟糕了。"和他一起谈论这些事情，提醒他看到自己的力量与资源，让他从不同的角度来看待自己和欺凌者，这样他就不会把嘲弄太当回事。周围人可以帮助他看清一点，即那些奚落是否会让自己难过取决于自己，而他的确有能力决定这一点。我妈妈曾经说："当其他孩子嘲弄你的时候，想象他们其实是光着身子的，但不要告诉他们——这是你的秘密武器！"不要太把嘲弄当回事，也许可以帮助孩子在未来扭转局面。被霸凌的孩子可能会觉得上自我防卫课有用，这样他就可以自信满满地对欺凌者说出："你最好离我远点。"这样的课程也有针对三四岁小孩子的（参见本章中的"自我防卫"）。

我们可以教霸凌和嘲弄的受害者如何保护自己，比如审视和改变那些使他们成为嘲弄目标的行为。那些令他们感到自己是重要的、强壮的和有能力的契机也可以帮助这些孩子充满自信，从而更好地保护自己。这些活动包括传统活动，比如体育。但如果孩子在这方面不擅长，但总会在某一方面获得自信的感觉——种植花草、照顾受伤的动物、帮助长辈。这些孩子需要周围人的帮助认识自己的特别之处，并且为之感到骄傲，这样这些特质就不会被用作攻击他们的武器。父母要努力接受孩子本来的样子，并且珍视他们的与众不同，这对孩子有帮助。当孩子被攻击的时候，他可以重温父母给予的这些体验以保护自尊。

那些被反复嘲弄的孩子需要在周围人的帮助下去学习面对自己的脆弱，并且弥补它们。通常，这样的孩子看上去仿佛是自己招致攻击，仿佛他不太能理解同伴的社交信号，也不能适应同伴的社交语言。有时候，他仿佛是在哭喊着："救命，我不知道如何融入这个环境！"和同样比较敏感的小伙伴有一对一的相处时间会有所帮助，同时他也需要成年人的支持。

如果孩子持续被嘲弄或霸凌，父母则必须和老师沟通一下，以了解学校是如何处理的。尽管当更多的成年人给予监护时会有所帮助，但如果这给周围人留下受害孩子在得到特殊对待的印象，可能会火上浇油，导致成年人不在场时他被变本加厉地嘲弄。只有当规则被清晰列明，并且在所有孩子之间持续实施时，嘲弄和霸凌才能被更有效地处理。

如果孩子不断成为受害者，一次又一次，他可能需要去一个全新的、保护性更好的同伴群体中从头再来。那些经常挣扎在社交情境下的孩子可能会演变成更严重的障碍，干扰其读懂他人肢体语言及其他重要而微妙的沟通信息的能力。如果你对此有所顾虑，儿科医生也可以给你介绍儿童精神科医生、心理学家和（或）语音及语言治疗学家。

如何帮助霸凌者和嘲弄者

霸凌者往往是一个缺乏安全感、不开心的孩子。小伙伴们会避开他。他清楚地知道这点，但并不知道如何去交朋友。当其他孩子的行为透露出脆弱的迹象，这会使他想到自己的脆弱，他会因为这种受威胁的感觉而进行攻击。他可能会用恐吓威胁他人的方式来确保周围的人不会威胁他。

通常，一个攻击性比较强的孩子会是另一些攻击的受害者。他是否有被哥哥姐姐或同伴欺负而感觉自己弱小的体验？他是不是依稀意识到自己的一些不成熟——也许是在语言和社交技能方面——从而通过嘲弄小伙伴来获得心理补偿？其实，我们可以帮助霸凌者和嘲弄者更确信自己的能力，这样他们就不会在其他孩子表现出弱点时感受到威胁。我们可以帮助他们看到，能够面对自己的软弱也是一种力量，这也是值得骄傲的。但如果他们的霸凌行为持续，伤害自己与周围人的关系，他们同样需要来自于儿童心理健康专家的帮助。

打人、踢人和抓人

大部分孩子在出生后的第二年会经历打人、踢人和抓人的阶段。这些行为通常开始发生于孩子1周岁生日前后，而父母通常是最早的受害人。

孩子刚会爬就"突袭"了妈妈的脸

对一个孩子而言，父母是孩子获得安慰和食物的首要来源，因此当有些事情不对劲时，他们当然会首先怪罪父母。但是，当孩子七八个月大时，父母会发现自己即将进入一个新阶段，需要去拒绝或者否定孩子的一些新要求。在这个月龄时，他可以更清晰地表达自己想要什么，开始自己四处移动，并且试图做一些他自己没法做的事情。父母这时候要做好准备，他可能会把自己的挫败感倾泻在你身上。到了差不多九个月大的时候，他也学会了如何试探他人底线，会通过试探观察你对于所说的话究竟是不是认真的。当你对他说"不"的时候，他一定会崩溃并猛拍地面。突然，当周围人都没反应过来的时候，他会用指甲抓你的脸。太令人震惊了！

糟糕的是，你震惊的反应很可能会令他困惑。为了了解发生了什么，并且对这一情境恢复控制，他会再次抓你。他是在试验你的反应是否会变得更容易预测。现在，你需要教会他不要来伤害你。

这时父母的表情要坚定，然后严厉地说："不，不要打，这样很疼。"但不要表现出过度兴奋，不然他会觉得这是个游戏，并且会想要一次次试验。这时把他放下，或者转身背对他。

对此种状况，父母的首要任务是使自己不失控。如果你想自己单独冷静一会儿的话完全可以：你是孩子在自我控制方面的第一个榜样。他可能会让你生气到想要揍他一顿，但不要那么做。他需要你向他示范他必须学会的事情。

当社交情境的要求超越了孩子的社交技能，或者他无法用语言来表达自己时，打人、踢人和抓人就成为其最后一根稻草。当他们感觉自己被贬低时，或者当他们在学校里争先恐后想要当老大或和兄弟姐妹在一起的时候，他们也会打人。当一个孩子感受威胁或者缺乏保护，例如周围的成年人对他进行身体攻击，或威胁他时，他自己也可能成为具有身体攻击性的人。如果孩子因为反复和小伙伴打架而被孤立，不妨和他的老师以及儿科医生聊一聊。他们可以帮助你找到相关专家（语音及语言治疗学家、心理学家等）以解决这些问题。

入园伊始是攻击行为高发期

有时候，幼儿园的孩子会对彼此各种吹毛求疵，受伤，失控，然后报复反击。他们依旧在学习平衡和规划自己的运动方式，但还是无法在任何时候都预期到结果。当他们想要玩别人手里看起来很好玩的玩具时，当他们不想轮流等待现在就想自己上时，当他们输了自己想要赢得的某场比赛时，他们也会袭击对方。幼儿园的孩子打人、踢人和抓人是因为他们还在学习下列这些重要技能：

· 交朋友；
· 试图了解他人需求；

· 分享；

· 轮流；

· 优雅地输掉游戏比赛；

· 真心实意的道歉；

· 在情感世界中讨价还价；

· 解决冲突和问题；

· 预期、理解和在乎他人的感受。

当成年人明白了幼儿园孩子原来要学习那么多东西时，他们就不难理解为什么学龄前的孩子依旧经常退回到更初级和粗暴的状态。有多少成年人自己都没有掌握以上全部技能？孩子通常是从第二或第三年开始学习这些社交技能的。

处理打人、踢人和抓人的"七步法"

1. 停止战斗，重建安全："现在就停止打人。"如果孩子没有立刻回应，把他们分开。如果他们再次要袭击彼此，让他们分别去两个房间。首先要确保的是安全和控制。

2. 安慰受害者和攻击者："受害者"和"攻击者"都需要安抚。他们之间涌动着强烈的情感——受伤、恐惧、内疚或想要报复——这使得孩子们难以面对发生的事情，无法修复他们之间的关系。

3. 澄清底线：安抚之后就是澄清底线。底线可以重建安全，这对于孩子面对"危机"并开始从中学习是非常有必要的。"打人是不对的，我们不允许打人。"当你这么说的时候，语气要非常严肃认真，并且确保你的表情也是如此。同时也要确保周围的成年人都支持你这么做。

4. 面对后果：现在，孩子已经准备好去面对后果了。他们需要有人帮助他们看到行为与结果之间的关联性。"如果你那样子打了别人，你就必须自己一个人待着，直到你学会在玩耍的时候不再打人。我不能让任何人受伤，并且我也不会让你打人。"同时这样的行为也会带来自然而然的后果："如果你伤害了别人，他们就会不想再和你玩了，也不想和你做朋友。"虽然这对于一个小孩子而言信息量很大，但后果会帮助他理解整件事情。

5. 总结教训：在安抚、安全、底线和后果都建立起来之后，还要从每一个新的冲突中总结教训。父母和老师需要认真对待每种不同情况。挑战是什么？缺失的技能是什么？如何帮助孩子学会这些？例如，当一个孩子不小心弄痛了别的孩子，可以帮助"受害者"弄清"攻击者"的意图："你真的觉得他故意要伤害你吗？我们有没有可能会发现他也很后悔自己所做的事情？"

6. 共情他人：当一个孩子从另一个孩子那里抢来了玩具，这时需要帮助抢玩具的孩子站在另一个孩子的立场上思考问题："你能想象如果别人从你手中抢走玩具你会有什么感受吗？你觉得当你从她手中抢走玩具时，她会有何感想？"当以平静而非爆发的姿态和孩子思考这些问题时，他们就更能从中明白一些道理。

另一个孩子也许也需要帮助以理解抢东西的孩子的感受。父母也许可以说："你当然不想和别人分享你那么喜欢的玩具，但那个小男孩看着你玩得那么高兴，他也会想要玩。他不应该来抢你的东西，但如果你告诉他等你玩好的时候他可以来玩，或者如果你和他一起玩，那么他也许就不需要来抢了。"

7. 冲突解决：在理解彼此的感受之后，孩子们也许准备好了去解决冲突。面对抢东西的孩子，父母可以说："你需要把这个还回去，并且说对不起。但当她不玩的时候，你可以问她是否能让你玩一会儿。或者你可以让她和你交换某个玩具玩。"

跳出自身童年阴影才能更好地帮助孩子

小孩子互相之间的攻击性行为几乎不会导致严重的伤害，然而我们对此做出怎样的反应是重要的。这些行为会激起父母对于过去的回忆，或者对于未来的担忧，这些都会使得他们无法以合适的方式对当下发生的状况做出回应。

那些自己小时候被霸凌的回忆，或者因为自己霸凌别人而产生的内疚感，这些体验与感受都会在此时出现。那些小时候被霸凌过的父母可能会无法对孩子的攻击设置界限，而有些父母似乎会因为孩子的攻击性而感到格外骄傲。当然，孩子的活力需要被珍惜，但并不是那些从肢体层面凌驾于他人之上的能力。如果父母容忍自家孩子对其他孩子施加伤害行为，他们就是在释放危险的信号。

　　父母们会控制不住想象孩子最终会"变成怎样"，并且他们经常会把孩子目前的行为看成是对于未来的预测。如果一个成年亲戚经常失控，父母一定会想："我的孩子长大了会变成他那样吗？"如果一个人曾目睹家庭因为暴力分崩离析，也许是自己的家庭或者周围他人的家庭，小孩子互相之间的打斗对其而言就会变得特别恐怖。而如果父母的生存环境是危险的，并且感觉需要帮助孩子也做好心理准备面对这一切，他们对于处理这些冲突的诉求就会更加强烈一些。

　　举例来说，一个充满活力的、拥有深色皮肤的孩子的父母告诉我："25％的非洲裔美国男性坐过牢。如果你是一个年轻的黑人男子，如果在错误的时机出现在错误的场合，你就完蛋了。我必须确保自己的孩子知道如何自控。一旦他失控一次，他很可能就会因此陷入万劫不复之地。其他人的孩子只需要知道如何置身事外就行，而我们则必须教会自己的孩子迅速远离那些是非！"怪不得当小孩子还没学会用更好的方式沟通和主张自己之前，他们所出现的无心踢人、打人行为对父母而言是压力重重的。这个风险太大了！可以说生命头几年是帮助孩子学会自控、共情、明辨是非的最佳时期。

自我防卫

平和而自信地传递出"我不好惹"的信息

对一个孩子而言，如果他受到威胁时只能妥协，这是一种非常可怕的感觉。一些父母会教育孩子被攻击时要反击回去，另一些父母则很犹豫要不要那么做，即使是以自我防卫的名义。但是，当没有充分的许可和技能保护自己时，孩子会别无选择，只能成为受害者。但当孩子对于维护自己主张的能力充满信心，并且被授意可以那样做，他就更有可能不会卷入打斗当中，无论是作为挑衅者还是受害者。

有时候，当孩子被霸凌或挨揍时，父母可能会鼓励他们打回去，但更多的是出于报仇而非自我防卫的理由。但是，自我防卫技能如果使用得当的话，也会给孩子带来安全感和被保护的体验。武术班是让孩子们掌握这些技能的方式之一，并且让孩子知道何时应该动用这些技能。

在用心引导的前提下，那些为儿童开设的武术班能教会孩子自我防卫的真正意义，教会他们如何识别反击回去的合理场合。这样的培训也能给孩子某种程度上的自信，霸凌者感受到这种自信时会被吓回去。通常，当一个孩子能平和而自信地传递"我不好惹"的信息时，那是防止被攻击的最佳方式。特别是对于女孩而言，自我防卫培训可以让她们相信自己无需成为受害者。孩子越是有能力保护自己，他们会发现使用这些技能的时机就越少。

如果你正在考虑让孩子上武术班，需要确保你选择的类型会教授孩子自我防卫技能。合气道（一种日本的以巧制胜的防御性武术）是"一种和谐的方式"，是一种柔和且不暴力的武术，并且会聚焦于自我防卫上。另外一些强调自我防卫的、并不那么暴力的功夫课（例如使对方无法动弹而非击打）还包括柔道——"一种高贵的方式"，以及巴西柔术——"一种高贵的技能"。即使4岁的孩子也可以进行此类培训，对于那么小的孩子而言，这些培训需要强调以下两点：

·对周围环境和安全的意识；
·避免冲突的言语技巧。

并且当孩子受到威胁时：
·能清晰而直接地通过口头语言和肢体语言来说"不"；

・能逃走并告知合适的成年人。

同时应避免一些功夫种类（例如搏击、合气柔术等——这些功夫更多使用扔掷、关节锁定、按压部位和击打等方式），它们强调的是攻击打斗而非自我防卫。另外，还需要确保教练员接受过良好训练，并且教学设施是符合安全标准的，这样才能降低受伤的风险。

体育运动与攻击性

美国的文化是以体育为中心的文化。即使孩子只有三四岁，我们就会教他们一些基本的运动技能，例如投接球类。到了六七岁的时候，那些还没有学会这些或其他技能的孩子可能会感觉自己落后了，甚至是被遗忘了。由于美国的主流文化倡导竞争，一年级的孩子已经能意识到班上谁在体育方面是最棒的，谁又是最弱的。迎头赶上看起来已经是一个不可能完成的任务。但是，当操练这些技能意味着可以有更多时间与父母相处时，孩子会为此感到振奋，只要目的是为了"好玩"而非追求完美。父母需要确保自己内心的迫切愿望不会适得其反，或是成为孩子面对的另一重压力。

体育能力对男孩尤其重要

孩子在体育方面的排位能折射出更多内容：这意味着在玩耍中谁能制定规则而谁必须屈服。尽管体育是一种孩子释放身体能量和攻击性诉求相对安全的方式，但它也可能会强化那些基于不平等的实力而建立起的人际关系。

男孩子们——甚至是那些觉得自己体育不够好的孩子们——会崇拜那些同龄人里的体育佼佼者。只有很少数的孩子能不在乎这些同龄人的价值观，而肯定自己在截然不同的领域中的能力。到了八九岁的时候，体育方面的成就会成为决定一个男孩有多受欢迎的主要指标。那些发现自己在体育"鄙视链"里身处底端的男孩们很可能会在社交中面临困境。他们的自尊心可能会受到损伤，并且如果没有成年人的支持，他们甚至可能会面临更严重的问题，例如焦虑和抑郁。

童年开展体育运动的重要性很容易激发起父母小时候与运动有关的回忆。这一方面会让他们对孩子在体育方面的勇往直前充满希望，另一方面也可能使他们更为担忧。父母会想起自己小时候是否总是被第一个或最后一个选入运动队，他是否得到过全场掌声，或者他是否总是失败。

有些父母希望孩子能在体育和社交上取得成功，并对此感到焦虑，所以让孩子从很小的时候就开始连续密集训练几小时，这样做的风险是孩子可能无法体验到体育的乐趣。这些父母有时候似乎比孩子更在乎输赢，而孩子更在乎的是比赛的过程。孩子们知道体育应该是好玩的。有时候在观众席上，父母们会大声叫唤说："进攻！"那一刻，攻击性究竟属于谁呢？

还有一些父母小时候对运动感到无望，他们可能会迫使自己的孩子去补偿这一点，或者试图通过让孩子参与竞争性更小的活动或消遣方式来保护他们。如果孩子并没有表现出运动方面的兴趣或能力，其实父母可以给他安排另一些活动，例如艺术、音乐、棋类、木工或环境自然项目等。参与这些活动的孩子们会感受到同龄人对于自己的接纳。他们也许会需要父母的一些帮助来确信自己所处团体的独特价值（例如合作、创意、与世无争等），这也是重要的。

无论孩子是充满天赋的运动员还是一直是被挑剩下的，在体育活动中会呈现出诸多差异，而我们必须帮助孩子们去接受和面对它们。与其粉饰太平，为何不对这些差异保持坦诚呢？然后，我们的工作就是帮助孩子们接纳彼此和自己。当然，只有当孩子们确信对父母而言，自我接纳比他们在体育活动中的表现来得重要，他们才能更容易地做到这点。

理解比赛规则与输赢的意义

孩子面临的一个早期挑战是去理解比赛的规则，并且那个规则对所有人而言都是一样的，无论个人多么想要赢。

4岁以下的孩子通常并不会对比赛的输赢感兴趣，他们更多地是被过程所吸引——例如追着一个球，或者试图弄清楚接下来往哪个方向去——而非结果。但到了四五岁的时候，孩子们开始意识到彼此之间的差异，输赢就被赋予了新的意义。"赢家"和"输家"都会注意到彼此的差异："谁是最强壮的？谁是最弱小的？"这些都成为了萦绕在孩子们脑海中的问题。

在五六岁的时候，孩子们更能意识到自己的局限性。因此，成为最好的和赢得比赛就成为了弥补这些难以面对的现实时最重要的方式。

但是，输了比赛是另一个令人难以面对的现实。小孩子一定会否认这一点，反复说："我们赢了，我们赢了！"即使他们并没有赢。当输掉比赛的悲伤现实再也无法被否认时，他们很可能会崩溃大哭，也可能会大发雷霆并攻击赢家："你作弊了！这就是为什么你赢了！"

当孩子输掉比赛时

尽管理解孩子为何对输赢反应如此强烈及为何他们用那样的回应方式是重要的，但父母依旧需要明确自己的期待。撒谎与作弊可以被理解，但不能被接受。

父母既要给予孩子切实的期待，又需要想办法帮助他们挽回颜面。输了比赛的孩子可能需要在父母的帮助下面对那些使自己感到挫败或羞辱的感受。但一开始，他们可能需要成年人的帮助来使自己恢复平静。拍拍他的肩膀并且保证说"你真棒"或者"不用担心，下次你会赢的"——此刻这些都有可能是在火上浇油。此时可帮助他们面对自己的失望，甚至那些针对自己的愤怒："看看你自己都做了什么？"

如果孩子大吼："我糟透了！"这时父母就需要警觉了。

但与此同时，孩子也是在努力把自己从坏情绪的泥沼中拔出来，试图和周围人分享这种感受。父母也许可以回应说："输掉比赛的时候当然会觉得很糟糕，特别是当你如此努力的时候。"当孩子的悲伤开始浮现时，父母也可以补充说："这对你而言意味着很多东西，是吗？"

此刻，孩子知道他真正被理解了。他也许做好了后退一步重新审视这一切的准备："你觉得自己以后还会再尝试一下吗？"孩子可能会意识到他自己为之付出了多大的努力，即使他没能赢。但也许最重要的是清晰地传递如下信息：输赢是孩子自己的事情，而不是关乎父母的。如果你对此介入太过，孩子会意识到并且为此感到灰心。如果你给孩子增加了不必要的压力，需要向他承认这一点，并且对此表示歉意。

学会优雅地面对失败

你可以帮助孩子优雅地面对失败，并且让他从你对待失败的角度中学习。

1. 坚定的期待：撒谎与作弊绝对不是用来处理失败的方式。

2. 恢复控制：当孩子被情绪所吞没时，不要指望他准备好了从中吸取教训。

3. 共情：承认并接受孩子愤怒、挫败和自我怀疑的感受，但保留你与他做出不同结论的权利（"也许你觉得自己不够好，但这是你的想法，不是我的"），并且要禁止那些因为情绪而产生的不被接受的行为。

4. 挽回颜面：帮助孩子寻找到不会摧毁其自尊的方式来理解这些失败。例如，"守住球门并不只是你作为守门员需要承担的任务，这是整个足球队都需要承担起的责任。"

5. 诚恳的表扬：对一个坚持说"我什么都不好"的孩子而言，父母也许可以回应说："我不同意你说的这一点，你是有能力的，也许你已经想好自己想要提升哪些技能了。"

6. 选择对待失败的适当角度：一开始，失败的瞬间像是世界末日一般糟糕，但那些感觉最终是会被遗忘的。你可以帮助孩子意识到这些最初的反应是如何渐渐转变的。在下一次失败发生时，你可以提醒他回忆一下对这个过程的观察。

7. 鼓励：向孩子保证他会回到正轨上来的。让他知道他无需对自己如此严苛："当你感觉灰心丧气时，很难想再尝试；但如果你不断尝试，你会感觉越来越好的。"

8. 让孩子做主：孩子需要知道，处理和面对失败是他自己的事情，不是你的。让他自己重新振作起来，面对下次挑战也是如此。

9. 最后的提醒：无论孩子是输还是赢，比赛的意义是享受乐趣。

团队精神如何养成

团体体育项目的特殊挑战是学着去共同分享荣耀、分担批评。无论对哪个年龄段的孩子而言，只是聚焦在令人鼓舞的部分而非倾泻挫败感于队友头上，能做到这点都是很不容易的。当团队失败时，人们很容易会通过把责任推卸到他人头上来保有自尊。孩子们已经能足以识别出团队里那些无法满足比赛要求的一两个孩子，这时，即使是那些不想伤害他人感受的孩子也会陷入两难困境："我们是要说出事实，还是假装我们都很糟糕？"

父母可以在不伤害其他孩子的前提下帮助孩子处理自己的挫败感。例如，在输了一场足球赛之后，一些孩子可能会想要用无比大的力气去踢那个足球，不断把它踢进网里，一遍又一遍，直到他们发泄完了为止。另外一些孩子则会崩溃犯傻，互相追逐，在地上打滚……他们这样做是可以的。但如果他们一直欺负团队里的一个成员，这时就需要让他们知道自己正在表现出糟糕的运动员精神："每个人当然都会对失败感到不安，但我们是一个团队，并且我们必须共同前行，这是比赛的部分意义。"令人难过的是，很多教练和父母在小孩子面前并不进行这部分的教育，而只是关注比赛结果。

团队伙伴可能也会意识到，摧毁同伴的自信最终会损害比赛结果。教练和父母可以聚焦在团队闪光点的重要性上，并且对下一次比赛充满希望。对于那些技能相对落后的孩子，成年人需要格外努力去发现他们的闪光点。对于那样的孩子来说，努力与决心可能是制胜法宝。"小明星"队员也许也需要帮助来面对他们的缺点——例如，总是抢球或者糟糕的团队合作能力。即使是最好的运动员也需要在犯错之后努力让自己平静下来，这样才能真正从中吸取教训。教练和家长可以私下给某些孩子（暂时落后的孩子或明星队员）单独提供机会去操练他们所需要的技能。也许和一个细腻敏感的队友一起配对训练，也会有一定效果。

比赛中的"小动作"如何应对

当孩子在比赛中做出各种"小动作"——例如不经意间的推搡与绊倒——这意味着对他们而言赢得比赛已经比比赛本身更加重要了。通常，这是在回应来自教练和家长的压力。一些教练甚至会教小学的孩子如何对对手使出阴招而不被裁判发现！在这些复杂的信息之下，在比赛中做出各种不光彩的"小动作"就一定是意料之中的状况了。

当然，我们不能容忍这些比赛中的"小动作"，这是错误的，也是危险的！不幸的是，这种破坏安全与公平规则的"小动作"也广泛出现在成年人的世界中。孩子们会对那些使用诡计的人格外愤怒，这种价值观本身是对的！我们是否能帮助他们寻找到更有效的回应方式呢？我们可以支持他们这么说："我再也不和你玩了，这些诡计让比赛变得不再好玩了。"

有时候，比赛中的"小动作"会进一步被激化而演变成打斗。一个情绪激昂濒临爆发的孩子极其想要赢得足球比赛，他尝试射门。突然，对方队员用手肘推了他一下，使他失去了平衡。他自己还没回过神来，另一个孩子就已经冲向对方队员，把他掀翻在地，并且开始揍他——场面完全失控了。难道不是竞技类体育游戏带给孩子们的压力导致了眼前的一切吗？另外，成年人的职业冰球比赛中不也经常出现这样的场景吗？如果希望帮助孩子们消化那些失望与愤怒的感觉，而不是将它们倾泻在彼此头上，我们就需要为孩子们树立更好的行为榜样。

当成年人在观看孩子比赛时打了起来，这会令事情变得更为费解。父母们会对孩子尖叫，对教练吼叫，教练之间彼此吼叫，每个人都对着裁判大喊大叫……如果我们成年人完全失控，又如何能够指望孩子们处理好自己那些激烈的攻击性情绪呢？也许那些父母并没有意识到，孩子们正看着他们这些行为，并且将之内化为自己行为的参照物。

基于仔细解释的规则、坚定的期待，以及持续执行的奖惩措施，运动会让孩子们（以及成年人）有机会去掌控他们充满攻击性的诉求。

孩子们（和父母们）都需要规则来指导他们的行为，特别是在紧张与冲突的时刻。那些能够允许团队竞技公平进行，并且避免爆发暴力的规则有着更为广泛的意义。为了能够有尊严地与他人和平共处，我们都需要遵循一些最基本的原则，这些竞技体育规则的存在使孩子们有机会学到这一点。体育比赛给孩子们提供了学习愤怒管理和珍惜高尚体育精神的契机。

儿童团体比赛规则与违规后果范例

1. 选手们不可以绊倒或推搡他人，如果出现这种情况会被警告，并接受相应惩罚。

2. 在赛场上打架的孩子要被逐出比赛。

3. 严重的违规会使选手在本赛季余下的时间里"坐冷板凳"，而在最严重的状况下会被逐出队伍。

4. 父母们不允许喊叫选手的名字，也不允许对个体参赛者喊叫出自己的建议或特定意见。

5. 他们不能用负面的方式去称呼任一队伍的队员。赛场上只能允许那些最常见的鼓励用语，例如"加油！""好棒啊！"

6. 不允许和裁判有任何争论——任何人都不行，包括家长和教练。比赛会按照裁判所判定的方式进行。

当成年人可以遵守这些规则并且控制好自己强烈的情绪时，孩子们也会向他们学习的。

大发雷霆与自我控制

"爆发"为何总在最尴尬的场合和时间

对于孩子来说，大发雷霆是普遍的，但这种现象依旧无比困扰父母，原因有以下三点。

1. 大发雷霆似乎总是发生在最不方便和最令人尴尬的场合和时间。这使得大发雷霆如此令人畏惧，也如此充满力量。

2. 在大发雷霆的当下，那些3岁以下的孩子看起来是彻底失控的。对有些父母而言，孩子在那一刻看起来似乎是疯狂而无力的。父母自认为已经了解的孩子看似消失了，理智也消失了。

3. 超过2岁半或3岁的孩子可能会把大发雷霆作为一种威胁手段，并且将它作为获得自己想要的东西的一种途径。当这种状况发生时，他可能会先尝试其他可能的方式。甚至在他完全失控倒在地板上大哭以前，他会给你一个充满警告的眼神。即便如此，他似乎在怒火中也依旧清楚地知道自己的观众有哪些人，有时候会放慢速度看看你还在不在那里，并且在你试图干预的时候更大声地怒吼。

在这种时候，父母需要知道，他们对于大发雷霆的掌控力恰恰来自于放弃这种力量，并且让孩子学会自我控制："我看得出来你已经失控了，并且我知道你有能力让自己重新恢复控制的，靠你自己的力量。直到你平静下来之前，我不会插手的。"

识别愤怒导火索或许能避免下一次"风暴来临"

大发雷霆的背后总会有一些触发因素——可能是内在的，也可能是外部的。识别这些触发因素是避免再次大发雷霆的关键。在这些因素出现后，孩子的情绪开始慢慢堆积，然后仿佛逐渐进入暴风雨来临前的阵阵闷雷期，有时候这让父母们有机会去扑灭怒火，但有时候骤风暴雨让父母压根难以有时间做出反应。在大发雷霆最激烈的时刻，所有的控制看起来都是失效的。

在这种状态下，没有思考、没有理性、没有沟通，只有情绪的强烈爆发。当然这也是一种身体层面的经历：皮肤会变得潮红，心率和呼吸变快，然后身体像被击打过似的，或者伴随着失控的哭泣扭曲成一团。当最糟糕的片段过去后，乌云散去，孩子也开始平息下来，一点点让自己恢复常态。但刚开始的时候，孩子依旧是脆弱的，并且还很容易在自我安抚的过程中被一点小事所干扰。

只有再过一段时间，孩子才能被安抚到。如果能有更多时间去进行反思的话，他会试图去回顾发生了什么，从而避免这些事情再次发生。但是在他能够做这些事情之前，他会需要父母的指引来使自己恢复控制，并且得到信心且保证他总有一天能够掌控那些令人害怕的大发雷霆。父母的拥抱会让他再次感到安全。

给予孩子理解与安抚比控制更有效

孩子的第一次大发雷霆可能会出现在他1岁生日前后。总体而言，它们有可能因为饥饿、疲劳、无聊或者太多的刺激而触发，尽管这些原因也会导致年龄更大的孩子情绪失控。

18 ～ 36个月，这是孩子出现大发雷霆最典型的阶段。这个年龄段的孩子很容易被强烈的情绪所淹没。而更具挑战性的部分是，他们现在会想要为自己做决定，但又经常会在两个完全相反的选择之间摇摆不定："我到底想要这样吗？还是不要？我会吗？还是不会？"

当一个孩子想要超越自己的能力范围去做一些尝试，但又无法成功时，大发雷霆的桥段也很有可能会上演。这可能是孩子为了实现下一步的发展而付出的代价——这是一个触点。当然，在每个不同的年龄段，孩子都会面临一些超越自己能力的不同挑战。一个还无法爬行或走路的孩子可能会彻底崩溃，因为他还无法耐受不能到他想去的地方的挫败感。年龄稍微大些的孩子则可能会因为在精细运动上的尝试不成功而大发雷霆，例如把两块拼图拼在一起等。当一个孩子还无法说话，但又有许多重要的念头和愿望需要表达时，他可能也会一边哭一边大发雷霆。试图和同龄伙伴相处也很可能会在早期导致大发雷霆。当他们无法有效表达自己，并且无法知道何时需要妥协时，年龄较小的孩子会让彼此不知所措，然后爆发。

当孩子面临很多挑战时，比如运动的、认知的、情感的、沟通的和社交的，他们可能缺乏足够的技能去应对这些方面的状况，这时大发雷霆就会出现。除了有限的协调能力、精细运动技能以及语言能力之外，缺失的还有一些基本的能力，例如容忍挫败、自我安抚、耐心等，没有这些部分的存在，大发雷霆几乎是不可避免的。

这些技能都需要时间来养成。当这些能力慢慢出现时，孩子就更能面对挫败，做出决定，实现自控。目前，父母和老师可以用自己的行为来示范这些能力。他们也会留心一些潜移默化的"教育瞬间"，比如当大发雷霆正在发生的当下，帮助孩子找到自我安抚和耐受挫折的方式。

当孩子面对压力时，大发雷霆的状况也有可能会发生。除了与"触点"有关的发展式压力之外，孩子经常会在面对重大变化时出现大发雷霆的状况，例如当家里又迎来一个小宝宝的时候。而当弟弟妹妹第一次出现大发雷霆的时候，哥哥姐姐也有可能会重现那样的场景。

大发雷霆的防与治

除了我们之前所提到过的，父母会预见到触发孩子大发雷霆的情境和挑战，我们也可以帮助孩子们自己去预见这些情境和挑战。然后，他们就会做好准备去避免即将到来的情绪风暴。

例如，在去商店之前，父母可以跟孩子讨论一下结账台前那些糖果所带来的诱惑。父母可以明确表示不会给孩子买糖，并且鼓励孩子想出其他方式来抵御这种诱惑。

也许父母需要帮助孩子想出一些新的办法，例如，"当我们走过那个柜台时，你可以把眼睛闭上，我会拉着你的手，或者你可以帮助我把购物车里的东西拿出来结账，试着不去注意那些糖果架。或者你可以带着你的泰迪熊，当他因为没有吃糖而伤心时，你可以抱抱他。"有的父母甚至建议把买糖的钱存下来，以后买个玩具。

预防大发雷霆的发生也需要仔细观察那些警示信号，它们可能来自孩子，也可能来自父母自身。当一个孩子即将要失控时，大多数父母是知道的——他的声音会变得比平时尖利，说话时可能开始变得结巴，脸会变红，颈部肌肉也变得僵硬起来，呼吸更急促，双手拧在了一起。

那些最糟糕的大发雷霆，或者说那些最令人不便和尴尬的大发雷霆，通常会让父母变得越发紧张，这也会增加孩子的紧张感。如果父母注意到了孩子的警示信号，同时稳住自己，他们就能更好地帮助孩子控制自己并且学着安静下来——而不是等到事态无法收场的时候。

在强烈的情绪让孩子失控以前，如果要试图让他平静下来，首先需要考虑情绪的起因。如果一个孩子饿了、累了、无聊或者过度兴奋，你扭转危机的最好方式可能是在能力范围内先满足这些需求。如果你做不到的话，依旧可以鼓励他试着进行自我安抚。给孩子最喜欢的玩偶或用来摩挲抚触的小毯子，或是哼唱一首安静的曲子，这些都能在当下起效。

但是，如果一个孩子是因为得不到自己想要的东西而沮丧，这时你并不需要妥协。如果你妥协的话，大发雷霆更有可能会在未来再次发生。孩子需要知道他大发雷霆的威力并没那么大，也并没有那么恐怖，而你也不会因此去满足他的所有要求。他需要确切地知道你勇于面对他的愤怒，同时让他知道你可以照顾好他，即使他自己做不到，并且会保护他不受伤害。

除了妥协之外，你是有选择的。你可以试着去安抚他，也可以试着去转移他的注意力。分散注意力的方式对于学步期孩子通常是有用的，这点是幸运的，因为那意味着你不需要去和他们讲道理。但有时候，那样的做法也会延长孩子大发雷霆的时间。如果的确如此的话，父母要后退一步，并且等待。当他发完脾气的时候，抱抱他，并且向他保证他总有一天会学会自控的。对年龄更大的孩子而言，同情心和共情是管用的。让他知道即使你无法让他拥有他想要的东西，你也要弄清楚他为什么想要这个东西，并且理解他为何如此不安，而不是在这件事情上倾泻你的愤怒。当你能够理解和接受这些时，他也会不再那么害怕那些感受，你可以对他说："我知道每次去超市的时候你都很想要那里的糖果，看到那些东西但得不到的感觉实在是太糟糕了。"

孩子用来避免自己大发雷霆的方法之一就是模仿父母的自

控策略。当你自己因为挫折、愤怒或失望而不知所措时，可以把那些时刻变成向孩子展示如何有效处理这些情绪的契机。例如，当你在干洗店里被人插队时，你也许可以说："那位女士实在太粗鲁了，我好想揍她一顿，但我不会那么做的。我只是对自己说'去她的'，然后想了想我们会如何谈论这件事情，然后我就感觉好一些了。"不过，你最好等那位女士听不到这番话的时候才告诉孩子。

等大发雷霆之后，试着再去跟他聊聊到底发生了什么，但小心别让孩子对此感到尴尬。你可以从描述他的优势说起："你那时真的很生气，但是你能让自己平静下来真的很不容易，这很难，不是吗？但你做到了。"然后，帮助他从中吸取教训，看看到底是哪里出了问题。他是否可以从中了解到什么激怒了他、要避免什么、如何让他自己在面对即将发生的挫折和失望时做好心理准备、他是否知道自己可以做些什么（例如，求助、试着妥协、意识到他不能总是为所欲为、转换话题等），或者你可以做些什么来帮助他在即将爆发之际平静下来（例如，提醒他那些管用的自我安抚方式）。这次爆发一定不是最后一次爆发，并且当他再次爆发的时候也要避免让他感到气馁。

如果面对孩子的崩溃，你的反应方式给他的印象是他可以通过大发雷霆来得到自己想要的东西，那么他势必会重复这些行为，一遍又一遍，即使是到了那些不再会大发雷霆的年龄也依旧如此。相反，他需要明白大发雷霆意味着他的失控，而不是一种控制你的途径。

如果你感觉孩子的确能在更大程度上控制你，他自己也很有可能会注意到这一点，并且对此感到害怕。同时要让孩子们感受到你能控制住自己，特别是当他们自己无法做到的时候。记住，你的孩子并不喜欢大发雷霆，这会使他们感到害怕与尴尬。

如何处理大发雷霆？

·当孩子大发雷霆时，如果让他单独留一会儿是安全的，那么就让他独自待一会儿。父母需要适时退让一步。如果他在利用大发雷霆的方式告诉你一些什么，那么走开就是最好的表达方式，让他知道他必须寻找到更好的方式来让你知道他的内心所想。

·在你重新介入以前，用平实的语气向他保证你知道他能够自己安静下来，并且当他的脾气过去后，你会和他再次进行沟通的。但不要唠叨，重新恢复自控是他自己的事情，把这些事情留给他自己处理也是一种尊重，这样的方式仿佛是在告诉他，你知道他能做到的。但是，你可以默默地把他最喜欢的玩偶或小毯子递给他，让他可以用那些东西来安抚自己。

·如果你无法把他独自留在大发雷霆当下的场景里，例如你们正在商场里或人行道上，把他抱起来。有些孩子在大发雷霆时会感觉拥抱能让自己安静下来，并且在感知到你坚定有力、持续的拥抱时会慢慢恢复平静。一旦你和他到了一个安全的地方，不去给予他过多关注就是最好的处理方式。

·但是通常置身事外是最好的方式。但如果你必须要看护一个小孩子防止他发生意外，以下这些方法可能是管用的：让孩子坐在你的腿上，背对你；把你的手臂环绕在他的手臂上以让他保持稳定，同时把你的手搭在他的肚子上；如果他拼命踢腿，可以把你的一条腿压在他的两条腿上面，或者把他的双腿轻轻夹在你的两腿之间，这样他就不会伤害到你。当然，你也要小心别伤害到他。

·如果他撞击自己的头部或者想要咬你，可用你的右手抓住他的双手，把你的左手放在他的左脸颊上，使他的头部轻轻地靠向你的头部，让他的右脸颊和你的左脸颊贴在一起。然后安静地向他解释，你会一直抓着他，直到他能安静下来，这样他不会受伤，也不会有其他人受伤。轻轻摇他，甚至可以轻声吟唱。渐渐地，你会感觉到他的身体放松下来，呼吸放缓。

· 当孩子大发雷霆时，如果拥抱使他更加暴躁，尽快带他去一个安全的地方（例如，从超市里回到你的车里，你可以和他一起安静地坐在车里，不要把他一个人留在那里）。除了让他知道在他平静下来以前什么事情都不会发生的，尽可能少说话。

· 如果孩子不断试图和你沟通，或者在他平静下来以前就来找你，这时还是要给他充分的时间让他自己平静下来。先不要忙着和他促膝谈心。"安静一会儿"的处理方法可能会让他更加狂乱，所以你可以简单地告诉他，当你完全确定他的脾气已经发完并且能保持平静时，你会再次和他说话的。如果你在他依旧很愤怒的时候和他讨论事件本身，表达你的观点或让他道歉，他很有可能会再次崩溃。要让他知道："我们会在你不再焦躁的时候来谈论这件事情。"

哪些是更严重的情况

大发雷霆在小于四五岁的孩子当中非常普遍，通常发生在 18～36 个月之间的某几个月。一般来说，每次大发雷霆的时间会持续 15～20 分钟。大部分时候，情绪触发点是可以被轻易识别出来的，或者那些使孩子容易发生大发雷霆的现象是确实存在的（例如，疲劳、饥饿、挫折）。

但是对有些孩子而言，大发雷霆可能更频繁，也可能会持续 30 分钟甚至更长的时间；程度也会更加激烈，比如用肢体猛烈拍击硬物，并伴随着令人可怕的尖叫。孩子看上去仿佛将自己隔绝在了自己的世界里，完全无法进行沟通。当这一切结束的时候，孩子看起来非常疲劳，甚至会睡着。他可能并不会记得很多有关大发雷霆的事情。当一个孩子经常出现这类大发雷霆的情况时，就需要向有资质的儿童精神科医生或心理学家进行评估。有时候，当孩子经常出现这类大发雷霆的现象时，他们也有可能是患有某种儿童期的双向情感障碍。另外，一些神经方面的障碍也会导致突发的大发雷霆，这时神经病理学评估也许是需要的。

有些孩子的大发雷霆看起来并没有一个显而易见的诱因，

有可能是对触觉、听觉甚至视觉过度敏感，并且当他们受到过度刺激的时候也会彻底崩溃。一旦知道了这些，他们和周围的人就可以察觉并避免这些诱因，并且可以在诱因无法避免的前提下寻找到应对方式。还有一些孩子则会因为语言发展迟缓而对一些琐碎的事情大发雷霆。这时父母可以向儿科医生寻求帮助，与语音和语言治疗师进行咨询。

当孩子有注意力缺陷多动障碍（ADHD）或某种形式的学习障碍时，他们会经常面对比大多数孩子更多的挫败感；相应地，他们也更有可能会大发雷霆。那些有焦虑症或恐惧症的孩子面对那些令其担忧的事情感到不知所措时，则会崩溃；或者当他们意识到自己不得不去面对某件毫无心理准备的、令他们感到恐惧的事情时，大发雷霆也会发生。

当大发雷霆看起来经常是莫名其妙的，也有可能是因为抑郁所致。即使是年龄很小的孩子也可能会经历抑郁，这使他们极其容易愤怒、易激惹，仿佛很容易就会被推往情绪的深渊。他们在大部分时候看起来是愤怒或沮丧的，而且看起来很少能从任何事情中寻找到快乐。

当大发雷霆的状况发生得特别频繁、持续时间特别长或程度特别激烈，还有一个可能的原因——心理创伤。当一个小孩子遭遇过身体虐待或性虐待，或者目击过家庭暴力，除了大发雷霆以外，他可能没有其他办法让周围人知道这些。但同时，他们经常也会伴随有其他症状：恐惧、反复梦魇、对性的关注或性欲化的表达、入睡及换衣服时的巨大压力、使用厕所时有困难等。如果你担心孩子的大发雷霆并不正常，你应该对此进行格外关注，可以先带孩子看儿科医生，如有需要，他们可以帮忙介绍儿童精神科医生或心理学家。

电视与攻击性

在美国发生了一系列校园枪击案件之后，很多人都认为电视节目及电子游戏中的暴力场景是可能的诱因。一些电视媒体产业的业内人士在新闻节目中公开狡辩说，并没有显著证据表明孩子看电视会对其行为产生影响。但是在过去的30年里，一项项研究都让我们看到，年纪小的孩子和年纪大的孩子一旦观看那些实验人员事先录制好的攻击场景录像，他们就更有可能在稍后做出充满攻击性的行为。

根据美国儿科学会的报告，3500个相关研究中只有18项无法证明媒体暴力与行为暴力之间具有关联性。这份儿科学会报告指出，两者之间的相关性甚至强于二手烟和肺癌之间的相关性。例如，在某个研究中，那些每天看电视少于1个小时的青少年中有5.7%的人在接下来的几年中呈现出了暴力行为；而那些每天看电视超过3～4个小时的青少年中有28.8%的人呈现出了暴力行为。那些在媒体上目睹暴力场景的孩童也会对暴力变得不再那么敏感，但与此同时他们会感觉世界变得更加危险和令人恐惧。

这些研究需要格外引起我们的警惕，因为有68%的婴儿和学步儿一天会花超过2个小时的时间盯着电视或电脑屏幕。大一些的孩子经常一天要看4个小时的电视，由于60%的电视节目中有不同程度的暴力场景，并且每个小时的电视节目中平均会有3～5个暴力场景，他们每年都会从电视节目中看到大量的类似桥段。

电视与媒体是孩子心智发展所面临的最大竞争对手。很明确的一点是，我们不能把孩子的幸福未来交在电视媒体产业的手里。在把遥控器交在孩子手里之前，我们需要教会孩子不要总是相信他们所看到的东西，并且把我们的一些传统价值观深植于他们心中。

　　孩子们通常会觉得，为了让同伴接纳自己，他们必须要和朋友们看相同的电视节目。也有很多孩子相信，为了和玩伴保持一致，他们必须拥有最新款的动作人偶或娃娃。通常，这些通过操纵不安全感进行营销的产品会像电视一样，干扰孩子的健康和福祉。汽水、糖果和其他一些不健康的食物都是例证。而玩具枪、手榴弹、坦克车、怪异的肌肉僵硬的玩偶或性感的服饰、珠宝和化妆品等也都属于这个范畴。

如何限制看电视的时间

　　如果家庭想要保护孩子使其免于受到这些影响，他们就需要把对于商业文化的关注转向对于家庭关系的经营。父母是孩子们最重要的榜样，电视机关着的时间越长，父母对孩子的影响力就越大。当父母可以和孩子一起聊天、唱歌、玩耍、出门逛逛甚至是争论而不是抱着电视不放的时候，他们就有机会向孩子传递他们的思想、传统和价值观。

看电视的时间不应作为奖励使用，那会使看电视变得有超越其本身的价值。同样地，也不要把剥夺看电视的时间当成是一种惩罚——除非孩子破坏了看什么节目和看多长时间的规则。当这种情况发生时，惩罚需要与不良行为相对应："如果你不能在我告诉你的时候把电视关上，今天就再也不能看电视了。"

美国儿科学会推荐，孩子们每天看电视的时间不能多于1个小时（对于2岁以下的孩子则限制更多），并且电视和电脑不能放置在孩子的房间里。此外，我们建议你不要把电视机放在客厅或其他一些家庭经常用来聚会的地方。不要让电视机成为家庭中的一员，即使你的确会看它。如果你每天都开着电视只是为了陪伴孩子，那么可以考虑把电视换成音乐，这样就不会干扰孩子参与一些更加重要的活动。

其实家中不用费心安装一个巨大的、昂贵的平板电视或环绕音响，小小的电视机就可以了（老旧的电视机可能会有辐射方面的问题），同时不用费心用最好的卫星电视接收器，信号越是不好，孩子就越不想看电视。如果电视的声效和画面非常出色，孩子就非常容易被那些屏幕上的暴力场景所感染，而你对此无能为力。当电视越不吸引人，你就越不会因此和孩子发生斗争。

如何选择电视节目

孩子其实并没有必要看电视，但如果他的确想看，就要慎选观看的节目。有些给小孩子看的节目中并没有暴力情节，并且会帮助他们理解愤怒的感受以及攻击性对他人所造成的影响，应尽量看这种类型的节目，或者一些让孩子更愿意接受新的朋友、地方和观念，教会他如何享受自己和他人差异的节目。远离那些商业性的节目，那些节目的设计会使孩子认为他需要一些自己并不拥有的东西，并且会让他缠着你给他买某样广告中推销的东西。广告商并不会和你一样在乎孩子的成长与学习。

尝试跟孩子一起看电视

和孩子一起看电视，让你有机会知道他到底在看些什么及对那些内容有何反应。这是一个教孩子学会质疑和批判性思考的契机。小孩子通常并不知道现实和幻想之间的差异，相信幻想是一种童年的特权与必需品。但如果孩子的幻想（例如"变得更大更强"）被广告企业用来推销含糖的麦圈或精密的战争玩具，孩子无法分辨现实和幻想的局限性就会暴露出来，然后父母就需要帮助孩子思考："这到底是不是真的？"

　　稍微大一些的孩子可能需要周围人的帮助来辨别电视节目中的暴力场景。"你觉得他是故意要伤害那位女士吗？他有其他选择吗？他是对的吗？当人们那么做的时候会发生些什么？"我们可以通过一些诸如这样的问题来帮助孩子思考他们所看到的东西，而不是一味对此感到恐惧或进行模仿。

　　更大一些的孩子则会准备问另一些问题："为什么他们要在电视上展示一个人杀害另一个人的故事？人们为什么想要看这些？他们为什么要做广告？他们是在说真话吗，还是只是想让我们买那些东西？"那些学会在做出反应以前停下并思考的孩子，也是在学习如何三思而行，这同样可以避免他们伤害他人或者被别人所伤害。

　　一些父母会声称世界本来就充满了暴力，孩子们需要为此做好心理准备。但是电视屏幕上的暴力并不会教会孩子如何面对暴力的挑战，以及如何保护自己远离暴力。所有的孩子都会努力去理解和控制自己的愤怒与攻击性情绪。那些刺激感官的、刻意美化的电视暴力只会令他们感到更加害怕与恐惧。

保护孩子免受电视伤害

· 2岁以下的孩子禁止看电视。

· 当孩子大于2岁时，一天看电视的时间不能超过1个小时。

· 仔细选择那些没有暴力场景的节目。

· 和孩子一起看电视，这样你可以和他讨论现实与幻想之间的差异；你也可以帮助年龄较大的孩子就他们所看到的东西进行批判性思考。

· 提供多种多样的活动，例如桌面游戏、打牌、拼图、唱歌跳舞、体育等。

· 不要在孩子的卧室里放置电视或电脑。

· 远离那些巨大华丽的电视机屏幕。

· 不要把看电视作为奖励或惩罚。

· 如果没有人在看电视，把它关了。

· 记住孩子也会模仿你看电视的习惯。

孩子们可以从童话和儿童故事中了解愤怒和攻击性。相比电视上的画面，朗读的故事并不会令孩子感到不知所措，朗读过程中放慢节奏可以让孩子有时间去思考问题和做出回应。相比电视屏幕上虚幻的情节，故事书中的虚幻部分更容易与现实区分开，并且孩子可以在不那么害怕的前提下吸取故事中的教训。有些童话故事也是可怕的，但书中不是用一种那么势不可挡的方式让孩子去面对暴力，这些情节通常是大多数人童年会面临的恐惧感。一起读这些故事使得恐惧有机会被分享。彻底否认恐惧与攻击性的存在只会让孩子孤身一人去消化那些部分。你也可以鼓励孩子自己编写童话故事，这样他能体验一种掌控感。

电子游戏中的暴力

电子游戏和电脑游戏跟电视是不一样的。电视只需要孩子保持消极关注即可，但电子游戏则需要孩子高度集中注意力。看电视的时候孩子只需要坐在沙发上，但年轻的游戏狂热爱好者则会坐在椅子边缘，或者站着，或者当他控制游戏手柄时扭曲自己的身体，以使得屏幕中的机关枪不断开火，粗暴地踢向对手的面部，或者执行任何一项与街头格斗有关的指令。每当游戏中直接击打一次，就会出现一道刺眼的闪光，血滴下来的声效与视效同时出现，或者随着被杀人数的增加发出叮叮叮的声音，游戏分数随之增加。

另外，当然也有一些非暴力的电玩游戏，但自从"吃豆人"游戏在几十年前取得了巨大的成功，电玩游戏变得越来越暴力了。街头格斗的场景，伴随着大量充满性暗示的男性、女性形象，这些都日益成为普遍现象。而有一些游戏则使玩家有一种自己持枪的错觉，并且当他做出各种快速反应时会看到血腥的画面，敌人肝脑涂地，非常血腥。

尽管美国有很多孩子都会玩类似的电子游戏，但当科伦拜校园枪击事件发生后，对这一青春期杀手的言论举国震惊。他射杀了自己的同学，然后对他的同伴说："看看他的脑浆都是怎样流在课桌上的！"也许当父母给孩子买电玩游戏时自己应该先玩一下，看看内容是否适合孩子。

人人皆知暴力电游之害，可"禁果更甜"

有一个简单的方法可以保护孩子远离暴力电玩游戏带来的影响：不要买它们。即使如此，孩子依旧有可能在朋友家中接触到这类内容。你依旧需要帮助他们对这些游戏保持质疑，和他们一起思考这些游戏企图传递怎样的价值观，又有谁在制作和贩卖它们。这时不要长篇大论，相反，应问一些有深度的问题。批判性思维能避免孩子们深陷游戏而无法自拔。

其实并不需要刻意让这些东西远离家庭，有时候禁忌的果子对人而言反而更香甜。也许你可以只是说："我们有其他需要用钱的地方，你在其他孩子家里已经有足够多的机会去玩这些东西了。"也有大量的电玩游戏并不是基于打斗或杀戮而创作的，有些甚至是在通过有趣的方式教人们一些实用技能和知识。引导孩子选择这些类型的游戏，并且让他选择自己最喜欢的一种，和他一起玩并让他对这类游戏更感兴趣。

有些电玩游戏让孩子能够在玩耍中与彼此协作。但不要让这些孤独的玩家们失去在真实生活中与其他孩子交往的时间。只有当孩子在社交场景下经历攻击和愤怒时，他们才能真的去学习如何处理与管理这些情绪。

美国儿科学会推荐孩子的卧室需要一个"零电子媒体"的环境。如果年龄较大的孩子需要在房间里放台电脑做作业，记住不要连上网。当他们需要网络检索的时候可以和你共用一台电脑。你可以点击"浏览历史"来检查他们浏览过的网站，也可以安装软件来监管孩子们的上网行为。

音乐中的暴力

发现孩子哼唱有暴力内容的音乐

当看到四五岁的孩子完美模仿音乐中的歌词与动作时，成年人可能会感到震惊。那些作词大神们很少需要为他们的"罪行"买单。通常，这些行为并不会受到任何惩罚。在这些歌曲中，明星们将他们自己标榜为榜样，并且为暴力行为寻找各种借口。

电视的影响在于对大脑形成直接的视觉画面，但音乐则会用声音和节奏去引得人们的关注并操控其情绪。这两者都能刺激大脑的情感中枢，使其判断、思考和冲动控制功能在这些时刻都不管用了。这在孩子身上更加明显，因为他们的这部分功能还远没有发展完善。

电视和充斥暴力的歌词会对儿童产生影响还有另外一个原因，那就是他们对于自己在社交中被接纳和被喜欢程度的期望。有越来越多年龄很小的孩子相信观看那些可怕的电视节目意味着他们在朋友面前是勇敢的；同样，听那些"大孩子"的歌曲会让他们觉得自己是"成熟"的。

孩子们也会从周围的成年人身上学习到能指导其行为的价值观。但是通过收音机，他们可能会听到宣扬谋杀和强奸的歌词，或者恃强凌弱，或者男女不平等的价值观。一些孩子一开始会被吓到，一些孩子则会在认同这些歌曲的浮夸与矫情之余感觉自己变强大了。另一些孩子知道这些行为是错误的，并不是用来被模仿的，但他们依旧会被那些"做坏事"的体验所吸引——也许只是听或哼唱这些歌曲。孩子们当然会寻找机会去试探甚至打破父母的规则，但是持续接触那些充满暴力的歌词会使得孩子在真实生活中变得麻木，找不到生活的意义。

父母们能做些什么呢？首先自己不要听这些音乐，或者至少不要在孩子在场的情况下听这些音乐。不要让年龄小的孩子在房间里放置收音机。当孩子们长大，他们一定会在各种场合听到与暴力色情有关的音乐，可以和他聊聊这些。不要一开始就去做判断，而是要倾听。"你喜欢这个吗？你喜欢它哪部分？"如果孩子回答："我喜欢它的节奏。"那么可以问："你怎么看待那些歌词呢？"看看他是否能明白那些歌词，并且是怎样理解的。然后，鼓励他去质疑这些文字描述的行为以及其背后的动机，帮助他站在受害者的立场上去看待问题："如果有人那样对待你的妹妹，你会有何感受？如果有人那样对待你的妈妈呢？"让他知道大部分人都觉得诅咒和污言秽语是无礼冒犯他人的，并且会因为他使用这类语言而不愿意和他交往（参见：《给孩子立规矩》）。

有些父母会试图把孩子从中完全隔离开来。我们当然希望这是可能办到的，但因为并不会为此真的搬去沙漠里居住，所以这样的愿望并不会实现，父母能尽力做的是让孩子们成为具有批判性思维的人，以免自己受到不良文化的影响。因为很快你就无法掌控孩子所看到和听到的东西。但从很早开始，你就可以教会他保持质疑，以及在面对不同事物时的价值观。

玩具枪及其他

孩子喜欢玩具枪意味着攻击性强吗

有些父母坚称："我永远不会给孩子买玩具枪的。我并不喜欢战争，我也不想让他了解这些。"玩具枪和战争的关系是什么呢？孩子究竟在表达什么呢？

　　那么观察一下5岁孩子是如何和朋友们玩耍的。无论你是否限制孩子玩玩具枪，或早或晚，他们会用食指比划出手枪的形状指向彼此，把拇指当扳机那样扣动，并且在意念中开枪后嘴里发出相应的响声。他们在干什么呢？使用他们的想象力在玩耍。他们真的想要杀了谁吗？不，当然不是。但他们在试着表达一些普通而强烈的情绪。

　　为什么这些父母会强烈反对孩子们玩玩具枪呢？当然，忠诚的和平主义者会想要禁止此类物件的出现。但是，这样反而使玩具枪更具吸引力。而对另一些父母而言，背后似乎还有其他原因。

　　看看这个年纪的孩子喜欢的那些动作玩偶，几乎清一色都是男性玩偶。当然，这其中涉及夸张的、刻板的典型男性特征表达。四五岁孩子对于人体的这些兴趣并没有逃过玩具制造商的眼睛。这个年纪的孩子也知道自己在父母面前有多么幼小、脆弱和依赖，怪不得他们会需要手枪或其他充满阳刚特质的权力标志——并非为了杀戮，而是为了变得更大更强。当父母对这些强烈的愿望有所反应时，这也是可以理解的。

　　当父母反对玩具枪时，隐藏其中的担忧是，他们自己对于攻击性情绪感到不安。这些情绪通常会伴随着男孩子们的夸大其词，但这在这个年龄段的孩子当中是非常普遍的。禁止这类玩具并不会让这些情绪消失。相反，孩子们会想尽办法自己制造出玩具枪——用木棍、纸巾内的卷轴，以及比划他们的手指——这样他们就能展现和掌控自己那些攻击性的情绪。也许最好让他们自己做武器而不是买现成的玩具，这样的话可使他们更有创意，并动用他们的想象力，探索他们自己的奇思妙想，而不是把玩那些成年人设计出来的华丽的（且昂贵的）玩具武器。

面对小孩子的攻击性时，很多父母感觉无法接受这种攻击是自然而然且不可避免的。禁止孩子在游戏中呈现这些感受，很有可能反而会让孩子更有兴趣一探究竟，甚至将游戏变得更为激烈。但如果父母能让孩子在打闹游戏中安全地探索这些感受，并且学会去识别和讨论它们，孩子们就能做好准备以学习掌控这些感受。

目睹攻击

孩子们总是要面对周围世界中的攻击与暴力。但如今，他们正面临着一些新的攻击形式——这在过去从未有过。日新月异的高科技电玩游戏，以及新媒体试图抓人眼球的宣传策略，这些都使得"攻击"场景被放大并深入千家万户。我们的孩子面临着恐惧、麻木、价值观的剧变，以及感觉世界变得危险等风险。我们能否让他们相信世界有可能更加和平呢？

当孩子了解到世界上发生的攻击时，他最初担心的是自身安全："我会安然无恙吗？"他接下来关注的是其照料者的安危："爸爸妈妈会没事吗？他们是否依旧有能力照顾我？"当这些冲突离家庭越近，对孩子造成的心理冲击就越大，这就是为什么家庭暴力会给一个孩子带来如此大的打击。小孩子第一次了解攻击往往就是在家里。

当父母之间的冲突无法避免时

孩子们会仔细留心父母之间的战斗。他们会逐渐习惯父母之间的争论，他们知道当不可避免的冲突发生时如何保护好自己。他们也会试图去息事宁人，或者自己做一些"坏"事情来吸引父母的关注，从而停止父母之间的争论。他们甚至还知道如何利用父母的意见不合来为自己争取到眼前利益。但从长远来说，如果父母允许孩子从这类冲突中获得补偿，他们会发现自己在孩子面前失去权威，但这种权威感能让孩子感觉安全并茁壮成长。

当孩子害怕自己的安全受到威胁，或者父母一方受到了威胁时，婚姻中的冲突开始变得具有破坏性，他们也会害怕遭受威胁的那方父母就此远离。当吵架升级为令人恐惧的肢体暴力，或者当这样的状态一触即发，而周围并没有人可以和孩子讨论或解释这些状况时，他就会面临很大的风险。

如果父母之间的冲突无法避免，那么应如何保护孩子们免受干扰呢？首先，避免将他们卷入那些并不属于他们的事务中，这一点说起来比做起来容易，特别是当夫妻双方都怒气冲冲的时候。但你们可以制定好基本规则并且尽量遵守。例如，当出现一些意见不合的时候，如果孩子在场，父母可以推迟争论时间，约定一个另外的时间以使他们能在更私密的环境下讨论这些事情。

有时候告知孩子父母之间意见不合并且准备如何处理也是一次示范的良机，会让孩子觉得心里更有底气："我们稍后会自己再讨论这些事情，我们会找出办法来的，我们能自己搞定，这和你没关系。"他们能在你自以为他们听不到的时候知晓你们之间的争论，对此不要感到惊讶，因为他们一定会竖起耳朵听你们到底在吵些什么。他们很可能会担心并且感觉自己要对这样的结果负责。如今孩子们周围有许多离婚家庭，每当父母争论的时候，他们就会想："我的爸爸妈妈现在也要离婚了吗？"

当你们吵过架了，孩子们通常是知道的，并且他们会需要一些解释。父母们对此可以简单说明："我知道你能看出来此刻妈妈和爸爸对彼此都挺生气的，有时候我们会因为意见不合而变得生气。但我们会讨论这些事情的，并且试着把事情圆满解决。"（但是也不要给虚假的保证，比如，如果你们的确处在分居边缘就不能假装一切安好。孩子们对父母的信任是最珍贵的。）

孩子们甚至需要知道父母们到底因为什么而吵架，不然的话，他们会认为自己是父母起冲突的原因。但当你告诉他此类信息时，不要用一种试图让他站队的姿态。父母可以这么说："其实呢，我们会为了谁忘记去加油而吵架，或是为一些很傻的事情而吵架，比如谁忘记盖牙膏盖子了。"但不要说到底是哪一方父母会忘记盖盖子，并且不要让孩子去判断你们之间的是非对错。

如果你们之间的争吵太过激烈，以至于你无法放低声音或者把争吵延迟到孩子不在场的时候，那么你的婚姻可能需要专业人士的帮助。不管你是把破坏性的争吵转化为建设性的争吵并从中吸取教训，还是你们不得不走向婚姻的终点（不管你们为此多么努力），如果你能理智地面对这一切，孩子最终会从中受益。在这样的情形下，你和配偶可能都会意识到，你真正能改变的人只有自己。

战争或恐怖袭击的新闻被孩子知道后

在2001年"9·11恐怖袭击事件"发生后的几个月，全美幼儿园的孩子们都开始在游戏中加入新的桥段：一时间，各种纸飞机到处都是，孩子们则会把蜡笔模拟成导弹投掷向它们，企图把纸飞机击落。一些积木塔楼被更快更高地搭建起来，只是为了将它粗暴地推倒。热销的动作人偶变成了飞行员、空乘与恐怖分子。

这些孩子是否变得更加暴力，是否说明他们的周围存在日益增多的暴力事件呢？也许并非如此。相反，似乎是他们想通过玩耍探索和掌控内心的恐惧，在一个周围成年人似乎缺乏安全感的世界中将自己想象成一个强壮而安全的存在。即使身处相对安全的非战争区域，孩子们也学会了仇恨，学会了压抑那些他们自己无法消化的恐惧感。媒体的捕风捉影也加剧了我们和孩子们的恐惧感。

在成年人自己都无法安然消化这些内在冲突的时候，我们又如何指望孩子们能够做到？战争对任何人来说都是难以理解的，我们如何将之解释给孩子听呢？首先，我们必须要倾听他们的问题，然后了解战争在他们的脑海里大致是个怎样的意象。我们可能会对他们的描述感到意外。

在美国入侵伊拉克之后，一个4岁孩子来到我的诊室，他瞪大眼睛问道："医生，为什么我们用'一块石头'❶去打仗呢？"我不得不回答说："我不知道。"尽管我也没有答案，但他对于我们共同分担困惑这一点似乎感到满足。

当然，我们都希望小孩子不知道也不需要知道战争。但即

---

❶ 译者注：英语中"一块石头"与"伊拉克"发音相似。

使是婴儿也会对父母的情绪格外敏感。他们也许并不知道一场战役正在发生，但他们会控制不住地意识到父母的忧心忡忡。令人难过的是，有些婴儿或儿童受到的影响更为直接，例如其父母一方或双方被送上了战场，或者在更糟糕的情况下，一方受伤或牺牲了。我们知道不止一位哺乳期的妈妈在得知丈夫死于世贸大楼恐怖袭击事件后，也失去了泌乳能力。

随着年龄变化，孩子的问题与反应会有所不同。对于婴儿和小孩子来说，最大的担忧源于对自身、父母及照料者安全的顾虑。不幸的是，我们并无法全然保证他们的担忧是多余的。但是，我们依旧可以让他们知道，我们会尽一切努力来确保他们的安全。

两三岁的孩子会问为什么："为什么那些人要这样攻打彼此？"他们很可能无法真的理解战争的残酷性。他们依旧会想象受伤会自动修复，人会死而复生，就像从睡梦中醒来似的。孩子的问题是如此简单而重要，我们每个人都想要回答那些问题。但是当我们自己都不太能想明白那些问题时，又该如何给予回答呢？

我们可以和孩子共同分享、承担其内心的不确定感与困感，而不只是提供仇恨偏执的答案来强化世界的非黑即白。父母也许可以说："我不知道他们为什么要那么打仗，这似乎并不是很合理，对吗？"我们也可以分享他们最明显的本能反应："我希望我们能够让他们停下来。"

3～5岁的孩子，除了努力去理解"为什么"之外，似乎还会自责，这是因为他们经常会把周围发生的事情看成是自己的行为、思想和感受的结果。例如，孩子会很轻易地把打雷的声音认为是自己内心愤怒的表达，或者是上天在惩罚他最近做过的坏事情。虽然这个年纪的孩子并不会这样告诉我们，但他很可能会认为战争或恐怖行为的发生是因为"我是个坏孩子"。

拍胸脯保证这事儿和孩子无关并不会真的帮到他们，除非父母首先探究一下孩子究竟是怎么想的。当父母说"和我聊聊你为什么会那么想"，这对孩子可能是有所帮助的，而不是一开始就说"这当然不是你的错"。然后，如果一个孩子谈论他所做的错事，或者他觉得自己有哪些糟糕的地方，周围的人就能帮助他看到这与世界局势之间是毫无关联的。"我知道你对于自己打了妹妹感到非常糟糕，并且你知道自己不该那么做，但你觉得那些扔炸弹的人怎么会知道这些事情发生过呢？"

这时你会看到孩子仿佛松了一口气并且抬起头来，然后他会接着问："你真的觉得他们会因为你做的一些事情而把所有人都炸飞吗？"然后，孩子可能会问："但他们为什么如此生气？"父母可能会回答："我不知道，也许他们是为了一些比你打妹妹时更糟糕的原因而那么做的。也许因为他们的房子和土地被人抢走了，或者他们整个家族都被杀光了。但是没有人有权利做那样的事情，无论他有多么生气。"

当孩子感觉自己需要对他人遭遇的不幸负责时，特别是当那些人近在咫尺，他似乎是把整个世界都扛在了自己的肩膀上。当父母或近亲受了伤，或者在孩子眼里看起来他们很悲伤、焦虑或六神无主，这种状况更有可能会发生。孩子也可能会变得愤怒和闷闷不乐，你会意识到他把这些事情都揽到自己头上了。或者，他也有可能会突然变得乐于照顾他人，特别是那些看上去弱小的人，父母可能会被孩子想要照料流浪狗或受伤小鸟的美好愿望而感动。父母也可以试着去评估孩子正承受着怎样的心理负担。（这种照顾式回应是美好的，但不要指望这种状态一直存在。）

在4～6岁的时候，孩子们也会开始思考与公平有关的问题。他们会思考攻击行为应该被视作自我防护还是"以牙还牙"。在这一年龄段，他们开始思考："当别人做错了，那是否意味着自己也能以错的方式去回应？""当别人打你一耳光时，是否把另一边脸也凑上去给对方打？"但最有可能的是，孩子们会以实践方式去解决这些道德两难的困境：安全、避免伤害和不惹麻烦通常仍旧是他们主要的关注点。

在这个年龄段，孩子们对于自己的界限也有了更现实的意识。两三岁孩子那种无限夸大的幻想，例如"让全世界更美好"，会让位于那些更现实甚至看起来更自私的愿望。可以理解的是，当孩子们意识到自己有多脆弱时，他们就会更关注自己的利益。父母一方面可以赞赏孩子对于现实的思考，另一方面也可以温柔引导他去思考自身以外的一些问题。

与以往任何时代都不同的是，关于暴力的新闻细节不断从最遥远的地方传播过来。这些新闻非常令人困扰，也带给了我们全新的责任与挑战——去照料好孩子的心智。即使作为成年人，我们也经常不知道以怎样的姿态面对那些新闻为好，我们会假装冷漠或感到无助。我们的孩子也会这样。我们可以把电视机关上，当家里有小孩子的时候，我们当然应该那么做，但试图把孩子们与之全然隔离开又会让他们今后难以面对真实残酷的世界。其实我们可以帮助孩子们以他们可以接受的节奏去理解世界，可以帮助他们去做一些美好的小事情来满足其照料他人的需求，例如为了给他人买食物和药品而募款（卖柠檬水或烘焙义卖），收集二手玩具和书然后寄给不发达地区的孩子们等。

致谢

感谢全国各地的父母们，没有你们富有远见的建议和积极的敦促，就没有这套简明实用的育儿书籍问市。感谢卡琳·阿杰玛尼、玛丽·考德威尔、杰弗里·卡纳达、玛丽莲·约瑟夫；感谢婴儿大学的员工卡伦·劳森和她已故的丈夫巴特，感谢戴维·萨尔茨曼和卡雷萨·辛格尔顿，感谢他们坚持不懈的努力，从他们身上我们学到了很多；感谢编辑默洛德·劳伦斯在图书编写和出版过程中给予的建设性意见与指导。还要特别感谢我们的家庭，感谢他们所给予的鼓励与耐心，感谢他们曾教给我们的一切，我们书中的很多素材来源于此。